21世纪高等学校计算机规划教材

21st Century University Planned Textbooks of Computer Science

C语言程序设计
——面向思维的拓展

The C Programming Language

肖乐 主编

董卓莉 王云侠 副主编

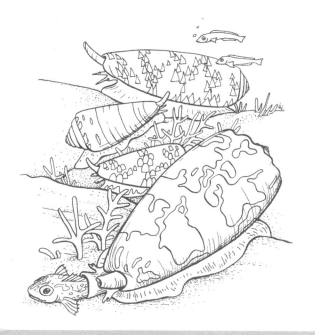

高校系列

人民邮电出版社

北 京

图书在版编目（CIP）数据

C语言程序设计：面向思维的拓展 / 肖乐主编. --
北京：人民邮电出版社，2016.2（2023.8重印）
21世纪高等学校计算机规划教材. 高校系列
ISBN 978-7-115-41580-6

Ⅰ. ①C… Ⅱ. ①肖… Ⅲ. ①C语言－程序设计－高等
学校－教材 Ⅳ. ①TP312

中国版本图书馆CIP数据核字(2016)第016787号

内 容 提 要

本书是根据我国应用型大学的实际情况，结合当前移动客户端应用情况而编写的实用、立体化
教材，全书主要内容包括：引言、算法、顺序结构程序设计、选择结构程序设计、循环结构程序设
计、数组、函数、指针、自定义数据类型和文件等，重点内容附有与网上资源相匹配的二维扫描码。

本书内容丰富、层次清晰、深入浅出、重点突出、图文并茂，所有章节紧扣基本要求，充分突
出教材的基础性、应用性和创新性。具体知识讲解全面透彻，例题丰富，每个例题都采用"提出问
题—思路分析—程序代码—运行结果—说明"的形式展开，符合读者的认识规律，容易掌握。二维
码的设置方便学生使用移动设备随时学习链接内容，结合课后大量习题，使学生在立体化学习空间
中快速掌握所学知识、技能。

本书可以作为普通高等学校非计算机专业公共课的教材及全国计算机等级考试参考书，也可以
作为自学教材。

◆ 主　　编　肖　乐
　　副主编　董卓莉　王云侠
　　责任编辑　刘　博
　　责任印制　沈　蓉　彭志环

◆ 人民邮电出版社出版发行　　北京市丰台区成寿寺路 11 号
　　邮编　100164　电子邮件　315@ptpress.com.cn
　　网址　http://www.ptpress.com.cn
　　三河市君旺印务有限公司印刷

◆ 开本：787×1092　1/16
　　印张：15.5　　　　　　　　2016 年 2 月第 1 版
　　字数：407 千字　　　　　2023 年 8 月河北第13次印刷

定价：39.80 元

读者服务热线：(010)81055256　印装质量热线：(010)81055316
反盗版热线：(010)81055315

前言

    C 语言是一种经典的计算机语言,也是普通高等学校非计算机专业设置的一门基本计算机课程,它的普及与深入程度将直接影响我国各个行业、领域计算机应用的发展水平,因此,作为非计算机专业学生的程序设计入门课程,C 语言对培养读者的计算机专业素养、兴趣及计算机思维意义重大,需要教材实用并且有特色。本书的目标就是编写易懂、专业、时尚、实用的 C 语言程序设计教材。

    本书内容丰富、结构清晰、深入浅出、图文并茂,结合二维码扫描,突出教材的基础性、应用性和创新性。全书主要内容包括:引言、算法、顺序结构程序设计、选择结构程序设计、循环结构程序设计、数组、函数、指针、结构体和共用体及文件等。

    本书编写组成员是多年活跃在大学计算机通识平台课程讲台的教师,并主持和参与多项教改项目及编写多部教材,从教学实践过程中总结经验组织教材内容。非计算机专业学生以提高其计算机操作能力和锻炼计算思维为目的,本书的编写侧重于基本技能和应用能力培养,在知识点的讲授上向应用方面倾斜,每一个例题都按照"提出问题—思路分析—程序代码—运行结果—说明"的步骤展开,符合读者的认识规律,容易掌握,课后附加了大量习题,期望学生做到学以致用,在入门基础上培养自己分析问题、解决问题的能力,提高程序设计能力。每一章内容都力图使读者能够在知识学习过程中,通过知识感悟计算思维;在思维锻炼的过程中,通过思考进一步深刻地理解知识,最后达到融会贯通。

    另外,本书还根据教学大纲要求,研究新型教材的编写方法,特别是课程颗粒化粒度的研究,利用教育心理学、课程知识本体理论,重新构建课程知识体系,找到适合计算机通识平台课程的微课程粒度。然后依照颗粒度,作为新教材的章目结构和段落分配依据。在纸质版教材的部分知识点段落,印刷一个与网上资源匹配的二维扫描码,可以及时指导学生利用移动设备进行线上学习。本书除了提供知识链的横向学习模式以外,还提供思维链的纵向思考模式,从而达到计算机技能和计算思维同时锻炼的目的。这种立体化教材的建设,打破了传统纸质书籍的单向传输方式,丰富了学习的互动手段,而且为收集和分析学生教材学习情况提供了技术及数据支撑。

    本书全部由河南工业大学的一线教师队伍编写完成,肖乐老师为主编,负责全书的编写规划及二维码和相关慕课视频的制作。具体编写分工如下:第 1 章由杨晓峰编写,第 2 章由董卓莉编写,第 3 章由杨爱梅编写,第 4 章由周颜编写,第 5 章由朱红莉编写,第 6 章由李周芳编写,第 7 章由李琳编写,第 8 章由张翼飞编写,第 9 章由王云侠编写,第 10 章由艾英山编写。

    本书可以作为普通高等学校非计算机专业公共课的教材及全国计算机等级考试参考书,也可以作为自学教材。

编　者

2015 年 12 月

目录

第 10 章　文件 ···················· 221

第1章
引言

1.1　计算机程序

程序，究其本质用一句话来概括，就是一组计算机能识别和执行的指令。

再解释详细一下，计算机程序或者软件程序（通常简称程序）就是指一组指示计算机或其他具有消息处理能力的装置每一步动作的指令，通常用某种程序设计语言编写，运行于某种目标体系结构上。打个比方，一个程序就像一个用汉语（程序设计语言）写下的红烧肉菜谱（程序），用于指导懂汉语和烹饪手法的人（体系结构）来做这个菜。

通俗地讲，程序就像一个"传令官"，将我们的旨意传达给计算机，让计算机去执行。比如，我们要写一篇文章，需要让 Word.exe 这个程序将我们输入的文字记录下来，然后保存或者打印出来；我们想通过计算机跟他人聊天，就需要 QQ.exe 这个程序将我们想说的话通过计算机传递给对方。一个程序，可以接受我们下达的指令，然后让计算机去执行。这就是程序最本质的特征。

1.2　计算机语言

计算机程序设计语言（通常简称编程语言），是一组用来定义计算机程序的语法规则。它是一种被标准化的交流技巧，用来向计算机发出指令。计算机语言能够让程序员准确地定义计算机所需要使用的数据，并精确地定义在不同情况下应当采取的行动。

自 1946 年计算机问世以来，人们便想利用计算机解决更多的实际问题，改变人类生活，但计算机并不是天生"自动"工作的，要使计算机按照人们的意愿工作，就必须事先告诉它要解决什么样的问题，步骤是什么。那么人和计算机又是如何沟通的呢？这就需要人们以某种程序设计语言为工具对解决问题的步骤进行描述（这种描述就是程序），输入到计算机里用于指挥计算机进行一步步的操作，最后达到解决问题的目的。

计算机程序设计语言的发展一般分为如下 3 个阶段。

1.2.1　机器语言

计算机不懂人类语言，它只能识别由 0 和 1 组成的二进制数字序列。这些序列表示数和指令，计算机就靠这些二进制的数字序列和人进行交流，我们称这种由 0 和 1 组成的二进制数字序列为机器语言。这些序列的特点是每一步都能操作，所有步骤执行完后对应的问题得到解决。用机器语言编写的程序，计算机能直接执行，但可读性极差且不便移植。机器语言是一种低级语言。

1.2.2 中级语言

为了便于理解和记忆，人们采用一些指令助记符和符号地址来代替机器语言的指令代码，这样就产生了中级语言，其代表就是汇编语言。如用 ADD 代表加法，用 SUB 代表减法。这种指令称为汇编指令，采用汇编指令的语言称为汇编语言。用汇编语言编写的程序，计算机硬件不能直接理解和执行，需要通过一种叫汇编程序的翻译软件将其翻译成机器语言目标程序后，计算机才可以执行。与机器语言相比，汇编语言虽记忆难度有所下降，但不同的计算机其汇编指令也不尽相同，故通用性仍较差。

1.2.3 高级语言

计算机语言的发展

机器语言和汇编语言都是面向机器的语言，它们对计算机硬件的依赖性太强，普通用户很难使用它们编程序，人们希望出现一种既接近自然语言又便于学习和记忆，同时能脱离机型要求的语言。在 1955 年，IBM 公司完成了第一个用英文单词、数学公式按照一定逻辑关系及严格的语法规则构成的程序设计语言，即第一个高级语言——FORTRAN 的最初版本。以后相继涌现出的高级语言版本有 BASIC 语言、Pascal 语言、C 语言等。其中最流行的当数 C 语言，它既可以用来写应用软件，也可写系统软件（如 UNIX 操作系统）。

1.3 C 语言的发展及其特点

1.3.1 C 语言的发展

C 语言的发展颇为有趣，简单描述如下。

C 语言的原型是 ALGOL 60 语言，也称为 A 语言。

1963 年，剑桥大学将 ALGOL 60 语言发展成为 CPL（Combined Programming Language）语言。

1967 年，剑桥大学的 Matin Richards 对 CPL 语言进行了简化，于是产生了 BCPL 语言。

1970 年，美国贝尔实验室的 Ken Thompson 将 BCPL 进行了修改。为它起了一个有趣的名字"B 语言"，意思是将 CPL 语言"煮干"，提炼出它的精华；并且还用 B 语言写了第一个 UNIX 操作系统。

1973 年，B 语言也被人"煮"了一下。美国贝尔实验室的 D.M.RITCHIE 在 B 语言的基础上最终设计出了一种新的语言，他取了 BCPL 的第二个字母作为这种语言的名字，这就是 C 语言。

为了使 UNIX 操作系统得到推广，1977 年 Dennis M.Ritchie 发表了不依赖于具体机器系统的 C 语言编译文本《可移植的 C 语言编译程序》。

1978 年，Brian W.Kernighian 和 Dennis M.Ritchie 出版了著作《The C Programming Language》，从而使 C 语言成为目前世界上流行最广泛的高级程序设计语言。

1988 年，随着微型计算机的普及，C 语言出现了许多版本。由于没有统一的标准，这些 C 语言之间出现了一些不一致的地方。为了改变这种情况，美国国家标准研究所（ANSI）为 C 语言制定了一套 ANSI 标准。1989 年，ANSI 公布了一个完整的 C 语言标准 ANSI X3.159-1989（即 ANSI C 或 C89）。

1990 年，国际化标准组织 ISO 接受 C89 作为国际标准 ISO/IEC9899:1990。

1999 年，ISO 对 C90 做了一些修订，在基本保留原来的 C 语言特征的基础上，针对应用的需要，增加了一些功能，尤其是 C++中的一些功能，命名为 ISO/IEC9899:1999。

1.3.2　C 语言的特点

C 语言作为使用广泛的一种编程语言，具有以下特点。

1. 简洁紧凑，灵活方便

C 语言一共只有 32 个关键字，9 种控制语句，程序书写自由，主要用小写字母表示。它把高级语言的基本结构和语句与低级语言的实用性结合起来。 C 语言可以像汇编语言一样对位、字节和地址进行操作，而这三者是计算机最基本的工作单元。

2. 运算符丰富

C 语言的运算符包含的范围很广泛，共有 34 个运算符。C 语言把括号、赋值、强制类型转换等都作为运算符处理。从而使 C 语言的运算类型极其丰富，且表达式类型多样化，灵活使用各种运算符可以实现在其他高级语言中难以实现的运算。

3. 数据结构丰富

C 语言的数据类型有：整型、实型、字符型、数组类型、指针类型、结构体类型、共用体类型等，能用来实现各种复杂的数据类型的运算。并引入了指针概念，使程序效率更高。另外，C 语言具有强大的图形功能，支持多种显示器和驱动器。且计算功能、逻辑判断功能强大。

4. C 语言是结构式语言

结构式语言的显著特点是代码及数据的分隔化，即程序的各个部分除了必要的信息交流外彼此独立。这种结构化方式可使程序层次清晰，便于使用、维护以及调试。C 语言是以函数形式提供给用户的，这些函数可方便地调用，并具有多种循环、条件语句控制程序流向，从而使程序完全结构化。

5. C 语言语法限制不太严格，程序设计自由度大

一般的高级语言语法检查比较严，能够检查出几乎所有的语法错误。而 C 语言允许程序编写者有较大的自由度。

6. C 语言允许直接访问物理地址，可以直接对硬件进行操作

C 语言既具有高级语言的功能，又具有低级语言的许多功能，能够像汇编语言一样对位、字节和地址进行操作，而这三者是计算机最基本的工作单元，可以用来写系统软件。

7. C 语言程序生成代码质量高，程序执行效率高

一般只比汇编程序生成的目标代码效率低 10%～20%。

8. C 语言适用范围大，可移植性好

C 语言有一个突出的优点就是适合多种操作系统，如 DOS、UNIX，也适用于多种机型。

1.4 最简单的 C 语言程序

1.4.1 最简单的 C 语言程序举例

相对于其他的语言来说，C 语言的知识点繁多且琐碎，为了便于同学们尽快入门，在此先举一个简单的例子。

【例 1.1】编写程序，输出以下信息。

```
"I am a student. "
```

思路分析如下。

在主函数中调用库函数 printf( )直接输出。

程序代码如下。

```
#include<stdio.h>                    //编译预处理指令
int main()                           //定义主函数
{                                    //函数开始标志
printf("I am a student.\n");         //调用函数输出内容
return 0;                            //返回函数值
}                                    //函数结束标志
```

运行结果如下。

```
I am a student.
Press any key to continue
```

说明如下。

以上运行结果是在 Visual C++ 6.0 环境下运行程序时得到的。其中，第一行是程序的运行结果，第二行是 Visual C++ 6.0 系统在输出完成后自动输出的信息，意思是"按任意键进行下一步"。当用户在此状态下按任意键，则运行结果窗口自动关闭并返回程序窗口，以便于用户进行下一步操作。

程序分析如下。

第一行。stdio.h 是系统提供的一个文件，是"standard input & output"即"标准输入输出"的缩写，后缀.h 表明该文件类型为头文件（header file）。程序第四行调用了输出函数，编译系统要求程序事先提供关于该函数的相关信息，这些相关信息都包含在 stdio.h 文件中，因此在第一行用 #include 编译预处理指令将该头文件引入（注意：因为每个程序都必须有输出，所以每个程序都必含有该语句行，建议始终写在程序的第一行）。

第二行。定义主函数 main()。main()是主函数名，每个程序都必须有且仅有一个主函数，程序从主函数开始，在主函数中结束。int 是整型 integer 的缩写，在此表示定义主函数为整型，也意味着函数结束后得到的返回值为整型。

第三行。"｛"和"｝"是函数开始与结束的标识符。

第四行。调用格式输出函数 print()输出结果。print()是 C 编译系统提供的一个库函数，行中双引号内的字符原样输出，"\n"是一种转义字符，作用是在当前内容输出结束后换行，将当前输出位置跳到下一行行首。

第五行。当程序结束时返回值 0 到调用函数处。

另，整段程序右侧"//"是注释的标志，在其后的内容为注释，对运行不起作用。

1.4.2　C 语言程序的结构

C 语言程序结果有如下特点。

（1）一个程序由一个或若干个源程序文件组成。

（2）函数是程序的主要组成部分。

（3）程序有且仅有一个 main()函数，程序运行总是从 main()函数开始执行，并在 main()函数中结束。

（4）程序中的所有操作都是由函数中的语句实现的，";"是语句的结束标志。

1.5　C 语言程序运行的步骤与方法

遇到一个问题，在分析问题、设计算法、画流程图并编写代码之后，我们得到的只是 C 语言的源程序。这种源程序是不能被计算机直接识别的，我们还需要经过编译、连接而形成可执行的目标程序才能运行调试，并最终得到运行结果。具体来说，运行 C 语言程序分以下几个阶段。

（1）录入并编辑代码。打开 C 语言开发环境，通过键盘录入代码，在经过核对无误后将程序存入用户指定文件夹（若不指定，则自动存入用户当前文件夹），保存后得到源程序文件***.c。

（2）编译源程序。先用 C 编译系统提供的预处理器对程序中的预处理指令进行编译预处理，比如对 stdio.h 或 math.h 等头文件中的内容读入并代替原程序行，再将读入信息与其他部分组成一个完整的源程序文件进行正式编译。编译的主要作用就是检查语法错误，经过调试——修改——调试过程后，编译系统会自动将源程序转换为二进制形式的目标程序***.obj。

（3）链接处理。将所有经过编译处理而得到的目标程序以及函数库连接起来，生成一个可供计算机执行的可执行程序***.exe。

编译、连接、运行过程

（4）运行程序，得到结果。

程序运行流程图如图 1-1 所示。

图 1-1　程序运行流程图

开发环境种类很多，本书选用用户最广泛的 Microsoft Visual C++ 6.0 作为开发环境。具体操作规程如下。

（1）进入和退出 Visual C++集成开发环境。

启动并进入 Visual C++集成开发环境的方法如下。

① 选择"开始"菜单中的"程序"，然后选择"Microsoft Visual Studio 6.0"级联菜单，再

选择"Microsoft Visual C++ 6.0"。若桌面上创建有 Microsoft Visual C++6.0 的快捷方式，直接双击该图标。

② 如果已经创建了某个 Visual C++工程，双击该工程的.dsw（Develop Studio Workshop）文件图标，也可进入集成开发环境，并打开该工程。

退出 Visual C++集成开发环境的方法：选择 File|Exit 菜单，可退出集成开发环境。

（2）创建一个 C 语言程序文件。

进入 Visual C++集成开发环境后，选择 File|New 菜单，弹出"New"对话框，单击"Files"标签，打开其选项卡，在其左边的列表框中选择"C++ Source File"项，单击"确定"按钮，即可新建一个文件。此时在编辑窗口中输入你自己的程序。

（3）保存程序。

当输入结束后，执行"文件"菜单中的"保存"命令将文件存盘。建议大家在桌面上用自己的英文名字创建一个新的目录，然后将 C 语言文件存在这个新建目录中。

在保存文件时，应设置扩展名为".c"，否则，系统将按C++扩展名".cpp"保存。

（4）编译调试程序。

执行"编译"菜单中的"构件（build）"命令。在编译过程中，Visual C++会生成一个同名的工作区（workspace）。

如果程序没有错误，那么在正下方的信息窗口中会显示如下内容。

`-0 error(s), 0 warning(s)`

有时会出现几个警告性信息（warning），不会影响程序的执行。

如果程序中有多个致命性错误（error），那么会提示如下信息。

`-N error(s), M warning(s)`

此时，拖动信息窗口右侧的滚动条，可以看到所有编译器给出的错误提示，包括错误是在第几行以及是什么错误。双击某行出错信息，程序窗口中会用箭头指示对应出错位置。根据信息窗口中的错误提示，修正错误。修正好后，保存，重新编译，直至无错误为止。

（5）执行程序。

执行"编译"菜单中的"执行（Execute）"命令，执行程序。当运行 C 语言程序后，VC++将自动弹出数据输入输出窗口。若程序中有 scanf 语句或者 getchar 语句等输入，那么窗口会停住，等待用户输入，按照格式要求输入后，按回车键，则会给出输出结果。按任意键会关闭输出窗口。

（6）关闭程序工作区。

当完成一个程序，要输入调试下一个程序时，要注意：必须关闭前一个程序的工作区。

关闭方法：执行"文件"菜单中的"关闭工作区"命令，然后从步骤（2）开始输入调试下一个程序。

1.6 本 章 小 结

本章简要介绍了计算机程序和计算机语言的概念，简述了 C 语言的特点及发展过程，举例详细说明了 C 语言的上机调试过程及运行过程。通过本章的学习，使得读者可以掌握 C 语言的初步知识。

习 题 一

一、填空题

1. 调试一个 C 语言程序要经过_____、_____、_____、_____ 4 个步骤。

2. 在 C 语言中，主函数名是_____，一个 C 语言程序有_____个主函数。

3. 在 C 语言中，头文件的扩展名为_____。

4. 在 C 语言中，语句结束的标志是_____。

二、简答题

1. 什么是计算机程序？

2. 什么是计算机语言？

3. C 语言的特点主要有哪些？

第2章 算法

2.1　算　法　概　述

在中国，"算法"一词最早出现在《周髀算经》和《九章算术》等古代文献中。在《九章算术》中，给出了四则运算、最大公约数、最小公倍数、开平方根、开立方根和线性方程组求解等的算法。此外，三国时期的刘徽是中外最早给出求圆周率算法的数学家之一，他提出了有名的圆周率算法，即"刘徽割圆术"。

刘徽割圆术

在西方，算法（algorithm）一词原为"algorism"，由9世纪提出"算法"这个概念的波斯数学家花拉子米的名字（"al-Khwarizmi"）音译而来，意思是"花拉子米"的运算法则，在18世纪演变为"algorithm"。

在《韦氏大学词典（第九版）》中，"算法"解释为"求解数学问题的一个过程，该过程步骤有限，通常还涉及重复的操作；广义地说，算法是按部就班解决一个问题或完成某个目标的过程。"

几乎所有的现实人类活动，都必须遵循事先安排的计划步骤来进行。

以披萨的制作为例，硬件（hardware）包括烤箱、饼坯、奶酪蔬菜等各式配料，软件（software）一般指披萨的制作步骤说明。这里，披萨的制作步骤说明即我们所指的算法（algorithm），算法的输入（input）为饼坯、配料等食材，输出（output）则为披萨。烤箱能够完成的工作包括开和关烤箱门、旋转开关旋钮以及加热等，配合以正确的披萨制作步骤说明并照此操作，就能够完成从基本食材到美味的披萨的过程。

和人类活动的计划步骤类似，算法，或者计算机算法，特指解决数学问题中的方法步骤。众所周知，数据在计算机中以二进制形式参与运算，计算机也仅仅能够执行二进制位的翻转（将0置1、将1置0）、置0或位测试等简单的位操作。计算机是如何把普通的对位的操作转换成我们日常见到的由计算机完成的各项应用的呢？对计算机操作的描述就是算法的研究内容。

算法和程序是什么关系呢？如同披萨的制作一样，不仅要有对制作步骤的说明，也要有对食材的说明。在程序设计中，既要有对操作的描述（称为"算法"），也要有对数据的描述（称为"数据结构"），著名的计算机科学家沃斯（Nikiklaus Wirth）提出了如下著名的公式：

程序=算法+数据结构

可见，参与运算的数据是基础，是程序中指令操作的对象，而算法是程序设计的灵魂。

按照参与运算的对象不同，计算机算法可以分为数值运算算法和非数值运算算法两类。

　　数值运算算法旨在求取数值解，比如圆周率π值的求解，线性方程组的求解，计算矩阵的特征值，求解数值积分等。对于绝大多数的数值运算而言，都有成熟的算法以及相应的程序供人们选择使用。

　　而基于比较关系运算的算法称为非数值运算算法，常见的有各种排序算法（比如对一个专业或年级的学生的成绩进行排序）、搜索算法（查找平均分大于 90 分的所有学生）等。非数值运算中，只有经典问题有较为成熟的算法，许多问题可以重新设计新的算法，这对程序设计人员是一项有趣的挑战。

　　判断一个运算算法的优劣主要从三个方面进行考察，即误差分析、复杂度分析和稳定性分析，好的算法误差小、耗时少且抗干扰（或称为鲁棒性好）。

　　值得一提的是，欧几里得算法（又称"辗转相除法"，用于计算两个整数 m 和 n 的最大公约数）被人们公认为历史上的第一个算法。

2.2　简单算法举例

　　【例 2.1】计算两个整数的最大公约数。

　　定义：依据对最大公约数的定义，两个不全为 0 的非负整数 m 和 n 的最大公约数记为 gcd(m,n)，代表能够整除（即余数为 0）m 和 n 的最大正整数。

　　思路分析：以系统论述几何学而著称的《几何原本》（欧几里得，公元前 3 世纪）的第 VII 卷中简要描述了最大公约数算法。用现代数学的语言可将该算法描述为：重复应用下列等式直至 m mod n=0。

欧几里得算法

　　gcd(m,n)=gcd(n,m mod n)（m mod n 表示 m 除以 n 之后的余数）

　　由于 gcd(m,0)=m,m 最后的取值也就是 m 和 n 初值的最大公约数。

　　比如，依照上述算法，72 和 54 的最大公约数 gcd(72,54)可以写为

　　gcd(72,54)=gcd(54,18)=gcd(18,0)=18

　　算法描述：上述算法就是著名的欧几里得算法，用结构化的语言可以描述如下。

　　第一步：如果 n=0，那么将 m 的值作为结果返回值，算法结束；否则（即 $n\neq 0$），算法进入第二步。

　　第二步：m 除以 n，得到余数 r。

　　第三步：分别将 n 和 r 作为新的 m 和 n，重新执行第一步。

　　【例 2.2】求 1+2+3+⋯+100，即

$$\sum_{n=1}^{100} n$$

　　思路分析：这是一个累加问题。

　　算法一：在数学上有固定的公式可以使用，即

$$\sum_{n=1}^{100} n = \frac{n(n+1)}{2}$$

因此，可以直接利用表达式 sum=n*(n+1)/2 来进行求解。

　　算法二：算法一虽然看上去简单直观，但是由于计算机执行加法的速度达到万亿次/秒的级别，

因此执行重复累加求和的方式，从时间效率上来看，甚至优于上述包含乘法的算法。

算法描述：算法二以形式化语言可以描述如下。

第一步：将和 sum 初值置 0，加数 i 初值置 1。

第二步：如果 $i>100$，算法结束；否则（即 $i\leqslant100$），算法进入第三步。

第三步：将 i 加到 sum 上，之后让 i 的值增加 1，转到第二步。

【例 2.3】 求 200 以内的全部素数。

思路分析：（基本试除法）让每个整数 n 被 i 除（i 的值从 2 变到 $n-1$）如果 n 能被 $2\sim(n-1)$ 之中的任何一个整数整除，则表示 n 肯定不是素数，不必再继续被后面的整数除。

算法描述：求素数的算法可以用形式化的语言描述如下。

第一步：将待判断的整数 n 的初值置为 3，除数 i 的初值置为 2。

第二步：如果 $n>200$，则算法结束；否则，尝试 n 除以 i。

第三步：如果 n mod $i\neq0$，则将 i 增加 1。

第四步：重复执行第三步，再次尝试 n 除以 i，直到 n mod $i\neq0$，将 n 增加 1，回到第二步。

2.3　算法的特性

正如写文章一样，针对要表达的同样的核心思想，可以使用中文表述，也可以使用英语、法语、日语等其他语种。在使用计算机解决实际问题时，程序设计语言只是载体，方案的执行步骤（算法）才是核心。通常，编写程序之前要设计算法。一般情况下，具备以下 5 个基本特性的设计方案才能称之为算法。

（1）有穷性。算法经过许多指令有限次数的执行后会终止。

（2）确定性。算法每一步执行的中间结果都是唯一的，只取决于输入和前面步骤的结果。

（3）可行性。算法在原则上能精确进行，可通过已实现的基本运算执行有限次而完成。

（4）输入。算法接受多个或者 0 个输入。所谓输入是指从外界向计算机输送必要的信息，大部分情况下需要输入，但是有些情况并不需要。

（5）输出。算法有一个或者多个输出。算法的目的是求得问题的"解"。算法的输出不代表计算机一定要有打印输出和屏幕输出，只要获得算法的解，就是算法的输出。

我们结合欧几里得算法对算法特性加以说明。在例 2.1 中，由于每一步的余数都在逐渐减小并且不为负数，必然存在第 N 步时余数为 0，因此算法在有限次执行之后结束。并且，两个不全为 0 的正整数求余的结果是唯一的，只取决于初始输入的 m 和 n 的值和每一步中间步骤得到的 n 和 r 的值。求余运算是基本的算术运算，每一步都能够精确执行。本算法接受输入的两个值 m 和 n，执行结果为输出最后一次的 m 值。

2.4　算法描述方法

由于算法是对一个问题求解过程的描述，或者说算法是求解问题的基本指令的集合，这些指令规定了所要执行的基本行为，因此，安排执行基本指令的次序至关重要。通常，规定执行基本指令次序的工作是借助于称作"控制结构"的指令的不同组合来完成的。从语义及逻辑含义上讲，控制结构一般有以下几种情况。

1. 直接顺序结构

在自然语言描述的算法中，每个句号或者分号隐式包含有"然后"的含义。例如在例 2.1 中，"m 除以 n，得到余数 r。然后分别将 n 和 r 作为新的 m 和 n，重新执行第一步。"

2. 条件分支结构

同样，如果以自然语言描述，条件分支结构通常表现为"如果 P，那么执行 A，否则执行 B"。在例 2.1 中，"如果 $n=0$，那么将 m 的值作为结果返回值，算法结束；否则（即 $n \neq 0$），算法进入第二步。"

3. 循环结构

只包含循序结构和分支结构的算法只能描述有限长度且每个指令至多执行一次的算法，对于需要反复执行某些指令直至满足某个条件为止的情况，需要有一种称作循环的结构或者迭代的结构。在例 2.1 中，反复执行第二步和第三步，直至满足条件"$n=0$"，算法才结束。

上述 3 种基本结构是 Bohra 和 Jacopini 于 1966 年提出来的，这 3 种基本结构可以作为表示一个算法的基本单元。除此之外，人们常用来表示控制算法流向的还有 goto 语句。

4. goto 语句

goto 语句也称无条件转移语句。它的一般形式为"goto 语句标号;"，其中语句标号是按照标识符规定书写的符号，放在某一语句行的前面，语句标号后增加冒号（：）。这种结构一方面增加了程序流转的灵活性，同时导致算法以混乱的方式使得控制结构前后进行，因此这种控制结构具有很大的争议，对于初学者来说也不建议使用。

要描述一个算法的流程，可以采用多种方式，常见的有自然语言、流程图、N—S 流程图、伪代码和计算机语言等，下面分别结合具体问题对这几种方式进行介绍。

2.4.1　用自然语言描述算法

用自然语言描述算法就是用日常生活中使用的语言来描述算法的步骤。本章例 2.1、例 2.2 和例 2.3 均是使用自然语言描述算法。自然语言通俗易懂，但在描述上容易出现歧义。此外，用自然语言描述计算机程序中的分支和多重循环等算法，容易出现错误，甚至描述不清。因此，只有在较小的算法中应用自然语言描述，才方便简单。

2.4.2　用流程图描述算法

可视图技术是呈现算法上述 4 种控制流的一种方法，常用的是流程图，能够使算法清晰易读。流程图是由一些简单的框图表示解题步骤及顺序的方法。美国国家标准化协会（ANSI）规定了一些常用的流程图符号，如表 2-1 所示。

表 2-1　　　　　　　　　　　　　流程图常用符号

名　　称	符　　号	含　　义	范　　例
起止符号	⬭	表示流程的开始或者结束	⬭ 开始
流程符号	⟶	表示流程的进行方向	↓ ⟶

续表

名　　称	符　　号	含　　义	范　　例
输入/输出符号	(平行四边形)	表示数据的输入或者结果的输出	输入 a,b
处理符号	(矩形)	表示执行或者处理某些工作	sum=a+b
决策判断符号	(菱形)	表示需要对某个条件做出判断	i<=50
连接符号	(圆形)	常用于转接到另一页	A A

下面将 2.2 节中所涉及的几个算法，使用流程图的方式加以描述。其中，表示决策判定的菱形框旁边的 "Y"（Yes）和 "N"（No）分别代表框内条件 "满足" 和 "不满足"。

【例 2.4】用流程图描述算法计算两个整数 m 和 n 的最大公约数。流程图如图 2-1 所示。

【例 2.5】用流程图描述算法求 1+2+3+…+100。

流程图如图 2-2 所示。

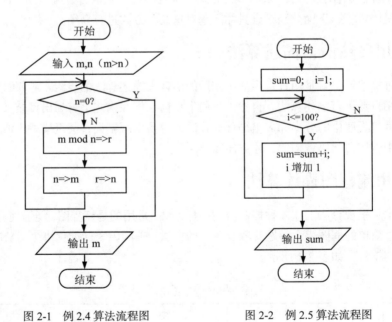

图 2-1　例 2.4 算法流程图　　　　　图 2-2　例 2.5 算法流程图

【例 2.6】用流程图描述算法求 200 以内的全部素数。

流程图如图 2-3 所示。

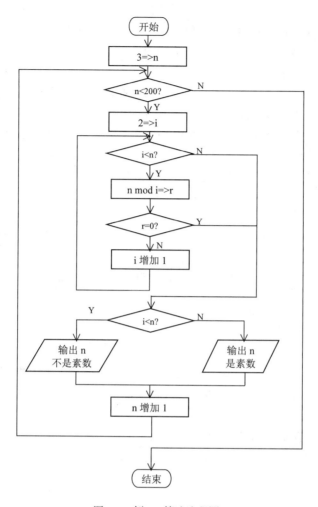

图 2-3 例 2.6 算法流程图

2.4.3 3 种基本结构和改进的流程图

1. 传统流程图

传统流程图允许算法设计者使用流程线指出框图中的执行顺序，而且允许流程线在各框图之间任意转来转去。一方面虽然增加了算法流转的灵活性，但是另一方面造成执行步骤之间的流转过于随意，这样的算法难阅读、难修改、难维护，而且可靠性难以保证。如图 2-4 所示。

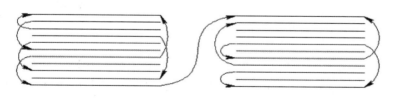

图 2-4 传统流程图

为提高算法的质量，人们舍弃了 2.4 节开始时描述的控制结构中的 goto 语句，进而规定只能使用直接顺序、条件分支和循环 3 种结构来保证算法的规范性。实践证明，对于结构化程序设计来说，避免算法执行步骤的随意流转，仅仅使用上述 3 种结构是能够完成算法设计的。

下面使用表 2-1 所示的流程图符号，以流程图的方式来描述本节前面所给出的直接顺序、选择分支和循环 3 种基本控制结构。

（1）顺序结构。如图 2-5 所示，语句 A 和语句 B 在逻辑上有明确的依先后顺序执行的关系，即语句 B 要在语句 A 执行完之后才执行。顺序结构是结构化程序设计的最基本结构之一。

（2）选择结构。选择结构（或称为分支结构）在逻辑上表达一种依据条件 P 是否成立来选择执行语句 A 或者语句 B（二选一）的结构，语句 A 或者语句 B 可以为空，如图 2-6 所示，其中，"Y" 表示 "成立"（Yes），"N" 表示 "不成立"（No）。

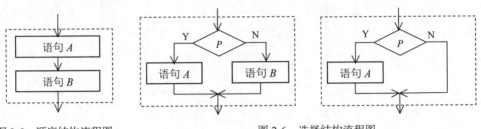

图 2-5 顺序结构流程图   图 2-6 选择结构流程图

说明如下。图 2-6 中给出的是基本的选择结构，即只有两个分支的情况，如果有多个条件或者构成多个分支，需要将选择结构中的语句 A 部分或者语句 B 部分替换为另一个选择结构，构成选择结构的嵌套，这将在后面的章节中专门介绍。

（3）循环结构。循环结构是在逻辑上表示一种需要反复执行某一部分的结构。目前公认的有两类循环结构，即当型（while）循环结构和直到型（until）循环结构，如图 2-7 所示。

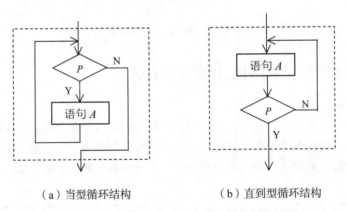

（a）当型循环结构   （b）直到型循环结构

图 2-7 循环结构流程图

说明如下。当型循环结构如图 2-7（a）所示，表示的逻辑语义为：当条件 P 成立时，执行语句 A，之后再次判断 P 是否成立；如果仍然成立，再次执行语句 A，如此反复；当某一次条件 P 不再成立时，不再执行语句 A，循环结构结束。直到型循环如图 2-7（b）所示，表示的逻辑语义为：先无条件执行语句 A，然后判断条件 P 是否成立；如果不成立，则再次执行语句 A，然后再次判断条件 P，如此反复；直到某一次条件 P 成立时，不再执行语句 A，循环结构结束。

2. 用 N—S 流程图描述算法

在实际使用过程中，人们发现流程线不一定是必需的，比如图 2-3 显示的流程图过于冗长。随着结构化程序设计方法的发展，1973 年，美国学者 I.Nassi 和 B.Shneiderman 提出了一种新的流程图形式，以两人名字命名为 N—S 流程图。

N—S 图也叫盒图，将传统流程图中的流程线完全去掉，整个算法写在一个大的矩形框中，算法中的每个步骤都用矩形框来表示，把矩形框按照一定的次序连接起来就成为描述算法的整个流程图。

图 2-8 中描述了 N—S 图中所能表示的 4 种基本结构（从左到右依次是顺序结构、两分支选择结构、当型循环结构和直到型循环结构）。

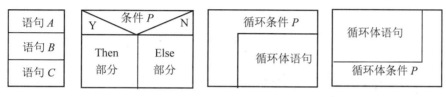

图 2-8　N—S 流程图基本结构

说明如下。在 N—S 图中，整个算法的处理步骤（简单语句或者复合语句）是用"盒子"表示的。整个算法的入口在"盒子"上边，出口在"盒子"下边，除此之外没有任何其他的入口和出口，限制了算法的随意流转，良好地保证了结构化程序设计的结构。

下面将例 2.4、2.5 和 2.6 中的传统流程图改写为 N—S 流程图。

【例 2.7】用 N—S 流程图描述算法计算两个整数 m 和 n 的最大公约数。

流程图如图 2-9 所示。

【例 2.8】用 N—S 流程图描述算法求 1+2+3+…+100。

流程图如图 2-10 所示。

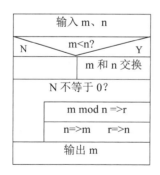

图 2-9　例 2.7N—S 流程图

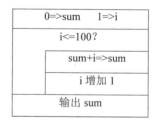

图 2-10　例 2.8N—S 流程图

【例 2.9】用 N—S 流程图描述算法求 200 以内的全部素数。

流程图如图 2-11 所示。

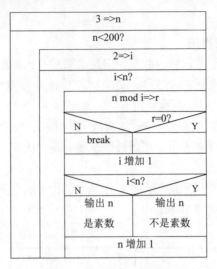

图 2-11   例 2.9N—S 流程图

2.4.4   用计算机语言描述算法

使用流程图可以简洁清晰地描述算法，但最终还是要用计算机程序设计语言将算法写成能让计算机执行的程序，得到的执行结果，便是算法的解。因此，计算机语言不但能够描述算法，更能够实现算法，用计算机语言描述的算法是计算机能够执行的算法。

用计算机语言描述算法，要严格遵循某种计算机语言的语法规则。下面将介绍过的 3 个例子用 C 语言来描述算法。

【例 2.10】用 C 语言描述算法计算两个整数 m 和 n 的最大公约数。

```c
#include<stdio.h>
int main()
{
    int m, n, t, r;
    printf("please input m&n:");
    scanf("%d,%d", &m, &n);
    if (m < n)
    {
        t = m; m = n; n = t;
    }
    while (n != 0)
    {
        r = m%n;
        m = n;
        n = r;
    }
    printf("最大公约数是%d。\n", m);
    return 0;
}
```

【例 2.11】用 C 语言描述算法求 1+2+3+…+100。

```c
#include<stdio.h>
int main()
{
    int sum=0, i;
    for(i=1;i<=100;i++)
    {
```

```
        sum=sum+i;
    }
    printf("1+2+……+100=%d.\n",sum);
    return 0;
}
```

【例 2.12】用 C 语言描述算法求 200 以内的全部素数。

```
#include<stdio.h>
#include<math.h>
int main()
{
    intn,k,i,m=0;
    for(n=1;n<=200;n=n+2)
    {
      k=sqrt(n);
      for(i=2;i<=k;i++)
         if(n%i==0)   break;
      if(i>=k+1)
      {
         printf("%d ",n);
         m=m+1;
      }
      if(m%10==0)   printf("\n");
    }
    printf("\n");
    return 0;
}
```

2.4.5　用伪代码描述算法

程序设计人员在设计算法时，可能需要对算法进行反复修改，不论是传统流程图还是 N—S 流程图，在描述算法时都要画出大量的框线，这给修改算法带来了大量不必要的工作。而如果拘泥于某种具体的计算机程序设计语言来描述算法，对于熟练于一种编程语言的程序员来说去理解一个用其他编程语言书写的算法，又显得困难，即是说，程序语言的具体形式限制了程序员对算法关键部分的理解。这样就迫切需要一种称为"伪代码"的算法描述工具。

伪代码是用介于自然语言和计算机语言之间的文字和符号（包括数学符号）的算法描述工具。使用伪代码描述算法，没有严格固定的语法格式，只需要将算法思想一行行写下来，每行（或者几行）表示一个基本操作，可以使用中文或者英文，也可中英文混用，只要在保证清晰易读的前提下，把算法思想表达清楚即可，下面尝试用伪代码表示前面几个算法。

【例 2.13】用伪代码描述算法计算两个整数 m 和 n 的最大公约数。

```
begin        （算法开始）
    input m,n
    if  m<n
        交换 m 和 n
    while  n 不等于 0
    {m mod n=>r   n=>m   r=>n}
    print m
end          （算法结束）
```

【例 2.14】用伪代码描述算法求 1+2+3+…+100。

```
begin（算法开始）
    0=>sum
    1=>i
    while   i<=100
```

```
{sum+i=>sum   i+1=>i}
print sum
end         （算法结束）
```

【例 2.15】 用 C 语言描述算法求 200 以内的全部素数。

```
begin（算法开始）
    1=>n
    0=>m
    while n<=200
    {sqrt(n)=>k
      2=>i
        while i<=k
        {if  n mod i=0  break}
        if  i>=k+1
            print n
    }
end         （算法结束）
```

可见，使用类似计算机语言的伪代码来描述算法，屏蔽了不同种编程语言的语法细节，便于使用不同编程语言的程序员之间进行算法思想的沟通；此外，伪代码描述算法，省掉了流程图中的框图和流程线，修改算法时，只需要在算法草图中增加或者删减某一（些）行即可，为算法的修改和维护带来了极大的便利，在编程人员中备受欢迎。

2.5 本 章 小 结

本章从算法概念与起源出发，通过对几个传统经典算法分析，总结出算法的特性。在此基础上，对常用的六种算法描述方法一一举例说明，使读者在了解算法概念的基础上，初步学会分析问题，并合理运用这些方法来描述算法，使问题得到求解。

习 题 二

一、选择题

1. 下列叙述中错误的是（   ）。
   A. 算法正确的程序最终一定会结束。
   B. 算法正确的程序可以有零个输出。
   C. 算法正确的程序可以有零个输入。
   D. 算法正确的程序对于相同的输入一定有相同的结果。

2. 在使用流程图描述算法的方法中，以下不是流程图基本结构的是（   ）。
   A. 顺序结构   B. 逆序结构   C. 选择结构   D. 循环结构

二、填空题

1. 常用的算法描述方法包括：_____、_____、_____、_____、_____和_____共 6 种。

2. 算法的 5 个基本特性是_____、_____、_____、_____和_____。

3. 历史上公认的第一个算法是_____。

第3章
数据及顺序程序设计

3.1 数据的表现形式及其运算

3.1.1 常量与变量

在计算机高级语言中，数据有两种表现形式：常量和变量。

在 C 语言中，对于基本数据类型，按其是否可以改变也分为常量和变量两种，在程序执行的过程中，其值不发生改变的量称为常量，其值可发生改变的量称为变量，它们可以和数据类型结合起来分类。例如，可分为整型常量、整型变量、浮点型常量、浮点型变量、字符常量、字符变量、枚举常量、枚举变量。在程序中，常量可不定义直接使用，而变量必须先定义后使用。

1. 常量

在程序运行中，其值不变的量称为常量。例如，15、0、−3 为整型变量，5.6、−1.23 为实型常量。'a'、'b' 为字符型常量。常量从字面形式即可判断。

经常碰到这样的问题，常量本身是一个较长的字符序列，且在程序中重复出现。例如，取常数的值为 3.1415927，如果在程序中多处出现常数 3.1415927，直接使用 3.1415927 的表示形式，势必会使编程工作烦琐、冗长，而且当需要把它的值修改为 3.1415926536 时，就必须逐个查找并修改，这样会降低程序的可修改性和灵活性。因此，C 语言中提供了一种**符号常量**，即用指定的标识符来表示某个常量，在程序中需要使用该常量时就可直接引用标识符。符号常量的定义形式如下。

```
# define  符号常量名  常量
```

【例 3.1】输入一个半径值，分别计算圆周长、圆面积和球的体积。要求使用符号常量定义。

思路分析如下。

根据数学知识，圆周长、圆面积和球的体积公式即可解决。由于圆周率在程序中多处出现，所以把圆周率定义为符号常量。

程序代码如下。

```c
#include<stdio.h>
#define PI 3.14159265              /*定义一个符号常量 PI*/
int main()
{
    double  r,p,a,v;               /*定义实型变量 r,p,a,v*/
```

```
printf("Input  radius: ");
scanf("%lf",&r);
p=2*PI*r;
a=PI*r*r;
v=4/3.0*PI*r*r*r;
printf("perimeter=%f\narea=%f\nvolume=%f\n",p,a,v);
return  0;
}
```

运行结果如下。

输入的半径为 5 时

```
Input  radius:5
perimeter=31.415927
area=78.539816
volume=523.598775
Press any key to continue
```

说明如下。

使用符号常量的好处：一是含义清楚，如在上面的例子中，见到 PI 就知道它代表圆周率；二是修改方便，如修改语句为“#define PI 3.1415927”，则在程序中所有出现 PI 的地方一律会改为 3.1415927。

2. 变量

在程序的运行过程中，其值可以改变的量称为变量。在 C 语言中，变量相当于旅馆里的客房，客房用来住旅客，变量用来存放数据；客房里的住客经常变化，变量的值也可以变化；每个变量也有一个专用的名字，称为变量名。不同的是，对于旅馆的客人，只有当住客退房后，下一批人才能入住；而变量却不同，当输入一个新值时就会覆盖旧值。

变量要先定义后使用，没有定义的变量不能被 C 语言编译器识别，在编译时会出错，变量定义就像旅客去旅馆开房，要确定旅客所需的房间类型和房间号，变量在定义时，要确定变量的数据类型和变量名。

变量的三要素是变量名、变量值和存储单元。

一个变量应该有一个名字，在内存中占据一定的存储单元，在该存储单元中存放变量的值。在对程序编译连接时由系统根据变量类型给每个变量名分配一个内存地址。在执行程序过程中从变量获取数据，实际上是通过变量名找到相应的内存地址，从其存储单元中读取数据。变量的三要素如图 3-1 所示。

（1）变量名。变量名用标识符表示。变量名的命名要遵循标识符的命名原则。

在计算机高级语言中，用来对变量、符号常量、函数、数组、类型等命名的有效字符序列称为标识符。C 语言规定标识符只能由字母、数字和下划线 3 种字符组成，且第一个字符必须为字母或下划线。下面列

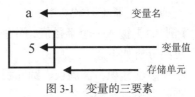

图 3-1　变量的三要素

出的是合法的标识符，可以作为变量名：sum，day，_total，Student。而 M.D. John，#123，3a 等不是合法的标识符。

在使用变量名时还应注意以下几点。

● 在变量名中，大小写是有区别的。例如，Student 和 student 是两个不同的变量。

- 变量名虽然可由程序员随意定义，但命名应尽量有相应的意义，以便于理解，做到"见名知意"。

（2）变量的定义。程序里使用的每个变量都必须先定义。要定义一个变量需要提供两方面的信息：变量的名字和类型，其目的是由变量的类型决定变量的存储结构，以便使编译程序为所定义的变量分配存储空间。

变量定义格式如下。

类型说明符 变量 1，变量 2，…；

其中，类型说明符是 C 语言中的一个有效的数据类型，如整型类型说明符 int、字符型类型说明符 char 等。

举例如下。

```
int  a, b,c;    /*说明 a,b,c 为整型变量*/
char ch ;       /*说明 ch 为字符型变量*/
double x,y ;    /*说明 x, y 为双精度实型变量*/
```

在 C 语言中，要求对所用到的变量强制定义，也就是"先定义，后使用"。这样做的目的如下。

- 只有声明过的才可以在程序中使用，这使得变量名的拼写错误容易被发现。例如，如果在定义部分写了"int student;"而在执行语句中错写成 statent=50；在编译时检查出 statent 未经定义，不作为变量名。因此输出"变量 statent 未经声明"的信息，便于用户发现错误，避免变量名使用时出错。

- 声明的变量属于确定的类型，编译系统可方便地检查变量所进行的运算的合法性。例如，整型变量 a 和 b，可进行求余计算，得到 a 除以 b 的余数。如果将 a、b 指定为实型变量，则不允许进行"求余"运算，在编译时会出现有关"出错信息"。

- 在编译时根据变量类型可以为变量确定存储空间。例如，指定 a、b 为 int 型，在 Visual C++ 6.0 编译环境下系统会给 a 和 b 分别分配 4 字节。

3.1.2　数据类型

C 语言要求在定义所有的变量时都要指定变量的类型。

所谓类型，就是对数据分配存储单元的安排，包括存储单元的长度（占多少字节）以及数据的存储形式。不同的类型分配不同的长度和存储形式。

C 语言允许使用的类型如图 3-2 所示。

其中，基本类型包括整型和浮点型（实型），基本类型和枚举类型变量的值都是数值，统称为算术类型。算术类型和指针类型统称为纯量类型，因为其变量的值是以数字来表示的。枚举类型是程序中用户定义的整数类型。数组类型和结构体类型统称为组合类型，共用体类型不属于组合类型，因为在同一时间内只有一个成员具有值。函数类型用来定义函数，描述一个函数的接口，包括函数返回值的数据类型和参数的类型。

不同类型的数据在内存中占用的存储单元长度是不同的。

例如，Visual C++ 6.0 为 char 型数据分配 1 字节，为 int 型（基本整型）数据分配 4 字节，为 float 型（单精度浮点型）数据分配 4 字节。

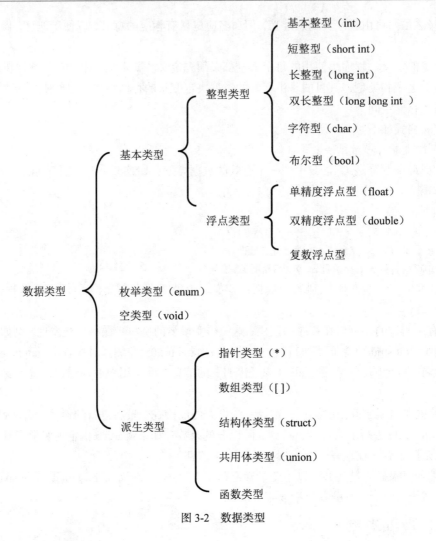

图 3-2　数据类型

3.1.3　整型数据

整形数据包括整型常量、整型变量。整型常量就是整型常数，整型数据在内存中以二进制补码形式存放。

1. 整型常量

整型常量也称整型常数。它有 3 种表示形式。

（1）十进制整型常数。

十进制整型常数没有前缀，其数码为 0~9。

以下各数是合法的十进制整型常数：137、−469、1458。

以下各数不是合法的十进制整型常数：023（不能有前导 0）、23D（含有非十进制数码）。

（2）八进制整型常数。

以 0 作为前缀。其数码为 0~7。

以下各数是合法的八进制整型常数：035（十进制为 29）、0101（十进制为 65）、0177777（十进制为 65535）。

以下各数不是合法的八进制整型常数：456（无前缀 0）、06A2（包含了非八进制数码）。

（3）十六进制整型常数。

十六进制整型常数的前缀为 0X 或 0x，其数码取值为 0～9、A～F 或 a～f。

以下各数是合法的十六进制整型常数：0X2A（十进制为 42）、0XA0（十进制为 160）、0XFFFF（十进制为 65535）。

以下各数不是合法的十六进制整型常数：5A（无前缀 0X）、0X3H（含有非十六进制数码）。

整型常量的数据类型可以根据它的值的范围来确定，一个整数其值如果在 -2147483648～2147483647（$-2^{31}～2^{31}-1$）范围内，则认为是 int 型，超过上述范围，则认为是 long int 型，可赋给 long int 型变量，一个 int 型的变量也同时是一个 short int 型变量，可以赋给 int 型或 short int 型变量。常量无 unsigned 型，但可将一个非负值且在取值范围内的整数赋给 unsigned 型变量，在一个整型常量后面加一个字母 l 或 L，则认为是 long int 型变量。

2. 整型变量

定义一个整型变量 i。

```
 int  i;   /*定义 i 为整型变量*/
i=20;   /*给 i 赋以整数 20*/
```

十进制数 20 的二进制形式为 10100，在计算机上使用的 Visual C++ 6.0 编译系统，每一个整型变量在内存中占 4 字节。图 3-3（a）所示的是数据存放的示意图，图 3-3（b）所示的是数据在内存中实际存放的情况。

i | 20

（a）数据存放示意图

| 0 | 0 | 0 | 0 | 0 | 0 | 0 | 0 | 0 | 0 | 0 | 0 | 0 | 0 | 0 | 0 | 0 | 0 | 0 | 0 | 0 | 0 | 0 | 0 | 0 | 0 | 0 | 1 | 0 | 1 | 0 | 0 |

（b）数据在内存中实际存放形式

图 3-3　数据存放

（1）整型变量的分类。整型变量以关键字 int 作为基本类型说明符，另外配合 4 个类型修饰符，用来改变和扩充基本类型的含义，以适合更灵活的应用。可用于基本型 int 上的类型修饰符有 4 个：long（长），short（短），signed（有符号）和 unsigned（无符号）。

这些修饰符与 int 可以组合成 8 种不同整数类型，这是 C 99 标准允许的整数类型。

- 有符号基本整型：[signed] int。
- 有符号短整型：[signed] short [int]。
- 有符号长整型：[signed] long [int]。
- 有符号双长整型：[signed] long long [int]。
- 无符号基本整型：unsigned [int]。
- 无符号短整型：unsigned　short [int]。
- 无符号长整型：unsigned　long [int]。
- 无符号双长整型：unsigned　long long [int]。

　　在书写时，如果既不指定为 signed，也不指定为 unsigned，则隐含为有符号（signed）。有符号整型数的存储单元的最高位是符号位（0 为正，1 为负），其余为数值位。无符号整型数的存储单元的全部二进制位用于存放数值本身而不包含符号。

（2）整型变量的定义。整型变量定义的格式如下。

数据类型名 变量名；

【例 3.2】整型变量的定义实例。

程序代码如下。

```
#include<stdio.h>
int main()
{
    int a,b,c,d;                  /*定义整型变量a、b、c、d*/
    unsigned u;                   /*定义无符号整型变量u*/
    a=12;b=24;u=10;               /*a、b、u分别赋初值 */
    c=a+u;d=b+u;                  /*把a+u的值赋给变量c，把b+u的值赋给变量d */
    printf("%d,%d\n",c,d);        /*输出变量c和d的值 */
    return 0;
}
```

运行结果如下。

```
22,34
Press any key to continue
```

说明如下。

变量定义时，可以说明多个相同类型的变量，各个变量用逗号分隔，类型说明与变量名之间至少有一个空格间隔。

最后一个变量名之后必须用分号结尾。

变量说明必须在变量使用之前，即先定义后使用。

可以在定义变量的同时，对变量进行初始化。

【例 3.3】变量初始化。

程序代码如下。

```
#include<stdio.h>
int main()
{
int a=3,b=-4,c=9,sum;            /*定义整型变量a、b、c、sum，并对a、b、c初始化*/
sum=a+b+c;                       /*求a、b、c的和并赋值给变量sum */
printf("sum=%d\n",sum);          /*换行输出变量sum的值 */
a=16;b=56;c=-98;                 /*重新给a、b、c赋值 */
sum= a+b+c;                      /*求a、b、c的和赋值给变量sum */
printf("sum=%d\n",sum);          /*换行输出变量sum的值 */
return 0;
}
```

运行结果如下。

```
sum=8
sum=-26
Press any key to continue
```

（3）整型数据的溢出。一个 int 型变量的最大允许值为 2147483647，如果再加 1，其结果不是 2147483648，而是"溢出"。同样一个 int 型变量的最小允许值为-2147483648，如果再减 1，其结果不是-2147483649 而是 2147483647，也会发生"溢出"。

【例 3.4】整型数据的溢出实例。

```c
#include<stdio.h>
  int main()
  {
    int  a,b;
    a=2147483647;
    b=a+1;
    printf("a=%d,a+1=%d\n",a,b);
    a=-2147483648;
    b=a-1;
    printf("a=%d,a-1=%d\n",a,b);
    return 0;
}
```

运行结果如下。

```
a=2147483647,a+1=-2147483648
a=-2147483648,a-1=2147483647
Press any key to continue
```

说明如下。

在 Visual C++ 6.0 环境中，一个整型变量只能容纳-2147483648～2147483647 范围内的数，无法表示大于 2147483647 或小于-2147483648 的数，遇此情况就发生"溢出"，但运行时不报错，它就像钟表一样，钟表的表示范围为 0～11，达到最大值后，又从最小数开始计数，因此，最大数 11 加 1 得不到 12，而得到 0。同样最小数 0 减 1 也得不到-1，而得到 11。

从这个例子可以看出，C 语言的用法比较灵活，往往出现副作用，而系统又不给出"出错信息"，要靠程序员的细心和经验来保证结果的正确。将变量 b 改成 long 型就可以得到预期结果 2147483648 和-2147483649。

一定要记住 int 所适用的数据范围，若表示超出 int 范围的数，需定义为 long int 或 long long int。

3.1.4　实型数据

实数在 C 语言中又称为浮点数，根据其表示形式可分为实型常量和实型变量。

1. 实型常量

实型常量（浮点数）有两种表示形式。

（1）十进制小数形式。由数字 0～9 和小数点组成（必须有小数点）。例如，0.0、.36、4.567、0.15、8.0、-267.47280 等均为合法的实数。

（2）指数形式。指数形式由十进制数加阶码标志"e"或"E"以及阶码（只能为整数，可以带符号）组成。其一般形式为 a E n（a 为十进制数，n 为十进制整数），其值为 $a*10^n$，如：2.1E5，3.7E-2，-2.8E-2。

以下不是合法的实数表示：53.-E3（负号位置不对）、2.6E（无阶码）。

说明如下。

字母 e 或 E 之前必须有数字，e 或 E 后面的指数必须为整数，例如，e3，2.1e3.5，e 都不是合法的指数形式。

一个实数可以有多种指数表示形式，但最好采用规范化的指数形式，所谓规范化的指数形式是指在字母 e 或 E 之前的小数部分中，小数点左边应当有且只能有一位非 0 数字。例如，123.456

可以表示为 123.456e0、12.3456e2、0.123456e3 等，只有 1.23456e2 称为规范化的指数形式。用指数形式输出时，是按规范化的指数形式输出的。

C 编译系统将实型常量作为双精度型实数来处理。这样可以保证较高的精度，缺点是运算速度降低。可以在实数的后面加字符 f 或 F，如 1.65f、654.87F，使编译系统按单精度型处理实数。

实型常量可以赋给一个 float、double、long double 型变量。根据变量的类型截取实型常量中相应的有效数字。

2. 实型变量

与整数存储方式不同，实型数据是按照指数形式存储的。系统将实型数据分为小数部分和指数部分，分别存放。

实型变量分为单精度型（float）、双精度型（double）。在 Visual C++ 6.0 编译环境下，单精度型变量在内存中占 4 字节（32 位），双精度型变量在内存中占 8 字节（64 位）。

实型变量说明的格式和书写规则与整型相同。

举例如下。

```
float  x,y;      /*x、y为单精度实型量 */
double  a,b,c;  /*a、b、c为双精度实型量 */
```

【例 3.5】输出实型数据 a、b。

程序代码如下。

```
#include<stdio.h>
  int main()
  {
    float  a;                        /*说明变量a为单精度型 */
    double  b;                       /*说明变量b为双精度型 */
    a=12345.6789;                    /*为a赋值 */
    b=0.123456789123456789e15;       /*为b赋值 */
    printf("a=%f\nb=%f\n",a,b);      /*输出变量a和b的值 */
    return 0;
  }
```

运行结果如下。

```
a=12345.678711
b=123456789123456.780000
Press any key to continue
```

说明如下。

程序为单精度变量 a 和双精度变量 b 分别赋值，并不经过任何运算就直接输出变量 a、b 的值。理想结果应该是照原样输出如下。

a=12345.6789，b=0.123456789123456789e15

但运行该程序，实际输出结果如下。

a=12345.678711，b=123456789123456780000

由于实型数据的有效位是有限的，程序中变量 a 为单精度型，只有 6～7 位有效数字，所以输出的前 7 位是准确的，第 7 位以后的数字是无意义的。变量 b 为双精度型，可以有 15～16 位的有效位，所以输出的前 16 位是准确的，第 17 位以后的数字 80000 是无意义的。由此可见，由于机器存储的限制，使用实型数据在有效位以外的数字将被舍去，由此可能会产生一些误差。

【例 3.6】实型数据的舍入误差。

思路分析如下。

实型变量只能保证 7 位有效数字，后面的数字无意义。

程序代码如下。

```c
#include<stdio.h>
  int main()
  {
  float a,b;
  a=123456.789e5;
  b=a+20;
  printf("a=%f\nb=%f\n",a,b);
  return 0;
}
```

运行结果如下。

```
a=12345678848.000000
b=12345678868.000000
Press any key to continue
```

说明如下。

程序运行时输出 b 的值与 a 相等。原因是 a 的值比 20 大很多，a+20 的理论值应是 12345678920，而一个实型变量能保证的有效数字只有 7 位。运行程序得到 a 和 b 的值是 12345678848.000000，可以看到，前 8 位是准确的，后几位是不准确的，把数加在后几位上是无意义的。

结论：由于实数存在舍入误差，使用时要注意以下几点。

（1）不要试图用一个实数精确表示一个大整数，浮点数是不精确的。

（2）实数一般不判断"相等"，而是判断接近或近似。

（3）避免直接将一个很大的实数与一个很小的实数相加、相减，否则会"丢失"小的数。

（4）根据要求选择单精度型和双精度型。

3.1.5　字符型数据

字符型数据包括字符常量和字符变量。

1．字符常量

字符常量是用单引号（′ ）括起来的一个字符。例如，′ a′ 、′ b′ 、′ =′ 、′ +′ 、′ ? ′ 都是合法的字符常量。

在 C 语言中，还规定了另一类字符型常量，它们以 "\" 开头，"\" 称为转义字符。转义字符具有特定的含义，不同于字符原有的意义，故称 "转义" 字符。例如，在前面各例题中 printf 函数的格式串用到的 "\n" 就是一个转义字符，其意义是 "换行"。

所有字符常量（包括可以显示的、不可显示的）均可以使用字符的转义表示法表示（ASCII 码表示）。转义字符主要用来表示用一般字符不便于表示的控制字符。

常用的转义字符及其含义如表 3-1 所示。

表 3-1　　　　　　　　　　　　部分常用转义字符及其含义

字 符 形 式	含 义
\n	换行
\t	代表 Tab 键，跳到下一制表位

字 符 形 式	含　义
\b	退格
\r	回车
\0	空值，字符串结束标志
\"	双引号字符
\'	单引号字符
\\	反斜杠字符
\ddd	用八进制数代表一个 ASCII 字符
\xhh	用十六进制数代表一个 ASCII 字符

转义字符大致分为 3 类。

第一类是在单引号内用"\"后跟一字母表示某些控制字符。例如，"\r"表示"回车"，"\b"表示退格等。

第二类是单引号、双引号和反斜杠，这 3 个字符只能表示成"\'"，"\""，"\\"。

第三类是"\ddd"和"\xhh"这两种表示法，可以表示 C 语言字符集中的任何一个字符。

ddd 和 hh 分别为八进制和十六进制的 ASCII 代码。例如，"\101"表示字符 A，"\x41"也表示字符 A，"\102"表示字符 B，"\134"表示"反斜线"等。

【例 3.7】转义字符的使用。

程序代码如下。

```
#include <stdio.h>
int  main()
{
    int   a,b,c;
    a=5;b=6;c=7;
    printf("%d\n\t%d%d\n%d%d\b%d\n",a,b,c,a,b,c);
    return 0;
}
```

运行结果如下。

说明如下。

程序在第 1 列输出 a 值 5 之后就是"\n"，故回车换行；接着又是"\t"，于是跳到下一个表位置（设置表位置间隔为 8），在输出 b 值 6 和 c 值 7 之后，遇到"\n"换行，输出 a 和 b 的值 5 和 6，遇到一转义字符"\b"又是退回一格，在 6 的位置再输入 c 值 7。

2. 字符变量

字符型变量用于存放字符常量，即一个字符变量可存放一个字符，所以一个字符型变量占据一个字符的内存容量。字符型变量的关键字是 char，使用时只需在声明语句中指明字符型变量类型和相应的变量名即可。

举例如下。

```
char   s1,s2;          /* 说明 s1、s2 为字符型变量 */
s1='A';                /* 为 s1 赋字符型变量 A */
s2='a';                /* 为 s2 赋字符变量 a */
```

3. 字符数据在内存中的存储形式及其应用

字符数据在内存中是以字符的 ASCII 码的二进制形式存放的，占用 1 字节，如图 3-4 所示。

图 3-4　数据在内存中的存储形式

从图 3-4 中可以看出，字符数据是以 ASCII 码形式存储的，与整数存储形式类似，这时的字符型数据和整型数据之间可以通用（0～255 范围内无符号数或–128～127 范围内的有符号数）。

● 可以将整型量赋值给字符变量，亦可以将字符量赋值给整型变量。

● 可以对字符数据进行算术运算，相当于对他们的 ASCII 码进行算术运算。

● 一个字符数据既可以字符形式输出（ASCII 码对应的字符），也可以整数形式输出（直接输出 ASCII 码）。

尽管字符型数据和整型数据之间可以通用，但是字符型数据只占一个字符，即如果作为整数使用，只能存放 0～255 范围内的无符号数或–128～127 范围内的有符号数。

【例 3.8】大小写字母的转换。

程序代码如下。

```
#include<stdio.h>
int main()
{
    char c1,c2;
    c1='a';
    c2='b';
    c1=c1-32;
    c2=c2-32;
    printf("%c  %c\n",c1,c2);
    printf("%d  %d\n",c1,c2);
    return 0;
}
```

运行结果如下。

```
A  B
65  66
Press any key to continue
```

说明如下。

本程序的作用是将两个小写字母 a 和 b 转换为大写字母 A 和 B，从 ASCII 码表中可以看到每个小写字母比对应的大写字母的 ASCII 码大 32，本例还反映了允许字符数据与整数直接进行算术运算，字符数据用 ASCII 码值参与运算。

4. 字符串常量

字符串常量是用一对双引号（""）括起来的字符序列。这里的双引号仅起到字符串常量的边界符的作用，它并不是字符串常量的一部分。例如，下面的字符串都是合法字符串常量；"I am student.\n" "ABC" "a" "How do you do" "CHINA" "$123.45"。

C 语言规定在每个字符串的结尾加上一个"字符串结束的标志"，以便系统据此判断字符串是否结束。C 语言规定以"\0"作为字符串结束的标志，"\0"是 ASCII 值为 0 的字符。

例如，"CHINA"在内存中的存储形式如图 3-5 所示（存储长度=6）。

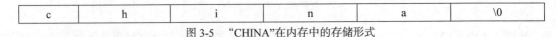

c	h	i	n	a	\0

图 3-5　"CHINA"在内存中的存储形式

可见，字符常量与字符串常量的区别有两个方面：从形式看，字符常量是用单引号括起的单个字符，而字符串常量是用双引号括起的一串字符；从存储方式看，字符常量在内存中占 1 字节，而字符串常量除了每个字符各占 1 字节外，其字符串结束符"\0"也要占 1 字节。例如，字符常量 'a' 占 1 字节，而字符串常量 "a" 占 2 字节。

如果字符串常量中出现了双引号，则要用反斜线"\"将其转义，取消原有边界符的功能，使之仅作为双引号字符起作用。例如，要输出字符串 He says:"how do you do."，应写成下列形式。

```
printf("he says:\" how do you do.\"");
```

C 语言中没有专门的字符串变量，如果想将一个字符串放进变量中，可以使用字符数组（即用一个字符数组来存放一个字符串，数组中每一个元素存放一个字符）。

3.1.6　变量的赋值

变量赋值是指把一个数据传送到系统给变量分配的存储单元中，定义变量时，系统会自动根据变量类型为其分配存储空间。但是若此变量在定义时没有被初始化，那么他们的值就是一个无法预料、没有意义的值，所以通常都要给变量赋一个有意义的值，C 语言中的变量赋值操作由赋值运算符"="来完成，一般形式如下。

变量=表达式

举例如下。

```
int=6;      /*指定 a 为整型变量，初值为 6*/
float=3.16 ;/*指定 f 为实型变量，初值为 3.16*/
char c='v'/*指定 c 为字符型变量，初值为 v*/
```

变量赋值具有两种形式，一种是先说明后赋值，另一种是在说明变量的同时对变量赋初值，也可以只对定义的一部分变量赋初值。

举例如下。

```
int a,b=2,c=5;  /*指定 a、b、c 为整型变量，只对 b、c 赋初值*/
```

初始化不是在编译阶段完成的（除后面介绍的外部变量和静态变量），而是在程序运行时赋予初值的，相当于有一个赋值语句。

举例如下。

```
    int b=5;
```

相当于

```
int b;
b=5;
```

3.1.7　算术运算符与算术表达式

运算是按照某种规则对数据的计算。运算符是用于表示数据操作的符号。C 语言提供了丰富的运算符，如算术运算符、关系运算符、位运算符、赋值运算符、条件运算符、逗号运算符、求字节数运算符、指针运算符、强制类型转换运算符、分量运算符、下标运算符等。

表达式是用运算符将常量、变量、函数等连接起来的算式。

C 语言中运算符和表达式数量之多，在高级语言中是少见的。正是这些丰富的运算符和表达式使 C 语言功能十分完善，这也是 C 语言的主要特点之一。

C 语言的运算符不仅具有不同的优先级，而且还有一个特点，就是结合性。在表达式中，各运算量参与运算的先后顺序不仅要遵守运算符优先级别的规定，还要受运算符结合性的制约，以便确定是自左向右进行运算还是自右向左进行运算。这种结合性是其他高级语言的运算符所没有的，因此也增加了 C 语言的复杂性。

1.　运算符的分类

（1）按在表达式中与运算对象的关系（连接运算对象的个数）可以分为以下 3 类。

● 单目运算符：一个运算符连接一个运算对象。

● 双目运算符：一个运算符连接两个运算对象。

● 三目运算符：一个运算符连接三个运算对象。

（2）按它们在表达式中所起的作用又可以分为以下几种。

● 算术运算符：包括+、−、*、/和%。

● 自增、自减运算符：包括++和−−。

● 赋值与赋值组合运算符：包括=、+=、−=、*=、/+、%=、<<=、>>=、^=、&=和|=。

● 关系运算符：包括<、<=、>、>=、==和! =。

● 逻辑运算符：包括&&、||和!。

● 位运算符：包括~、|、&、<<、>>和^。

● 条件运算符：包括? 和:。

● 逗号运算符：包括,。

● 其他：包括*、&、( )、[ ]、. 、—>和 sizeof。

2.　运算符的优先级和结合性

优先级：指同一个表达式中不同运算符进行计算时的先后次序。

结合性：结合性是针对同一优先级的多个运算符而言的，是指同一个表达式中相同优先级的多个运算应遵循的运算顺序。

左结合性（自左向右结合方向）：运算对象先与左面的运算符结合。

右结合性（自右向左结合方向）：运算对象先与右面的运算符结合。

例如，数学中的四则运算，乘、除的优先级高于加、减，而乘除之间、加减之间是同级运算，其结合性均为左结合性。

例如，a-b+c，到底是（a-b）+c 还是 a−（b+c）？（b 先与 a 参与运算还是先与 c 参与运算）。

由于+、−运算优先级别相同，结合性为"自左向右"，也就是说 b 先与左边的 a 结合，所以 a−b+c 等价于（a−b）+c。

C 语言的运算符也同样具有运算的优先级和结合性。

3. 基本的算术运算符

基本的算术运算符如下。

- ＋（加法运算符或正值运算符，如 2+6、+6）。
- －（减法运算符或负值运算符，如 6−2、−6）。
- ＊（乘法运算符，如 2*6）。
- ／（除法运算符，如 6/2）。
- ％（模运算符或求余运算符，%两侧均应为整型数据，如 7%3 的值为 1）。

说明如下。

两个整数相除的结果为整数，如 5/3 的结果为 1，舍去小数部分。但是如果除数或被除数中有一个为负值，则舍入的方向不是固定的，多数计算机采用"0 取整"的方法（即 5/3=1，−5/3=−1），取整后向"0"靠拢（实际上就是舍去小数部分，注意不是四舍五入）。

如果参加+、−、*、/运算的两个数有一个为实数，则结果为 double 型，因为所有实数都按 double 型进行计算。

求余运算符%，要求两个操作数均为整型，结果为两数相除所得的余数。求余也称为求模。一般情况，余数的符号与被除数符号相同。例如，−8%5= −3、8%−5= 3。

4. 算术表达式

用算术运算符和括号将运算对象（也称操作数）连接起来的、符合 C 语言语法规则的式子，称为算术表达式。运算对象可以是常量、变量、函数等。

下面是一个合法的算术表达式。

```
a*b/c-1.5+'a'
```

算术表达式的书写形式与数学表达式的书写形式有一定的区别。

算术表达式的乘号（＊）不能省略，例如，数学式 b^2−4ac 相应的 C 语言表达式应该写成 b*b−4*a*c。

表达式中只能出现字符集允许的字符，例如，圆面积公式相应的 C 语言表达式应该写成 PI*r*r（其中，PI 是已经定义的符号常量）。

算术表达式不允许有分子分母的形式。例如，应写为(a+b)/(c+d)。

算术表达式只使用圆括号改变运算的优先顺序，不要用"{}"和"[ ]"。

可以使用多层圆括号，此时左右括号必须配对，运算时从内层括号开始，由内向外依次计算表达式的值。

【例 3.9】算术运算符和算术表达式的使用。

假设今天是星期三，20 天之后是星期几？

思路分析如下。

设用 0、1、2、3、4、5、6 分别表示星期日、星期一、星期二、星期三、星期四、星期五、星期六。因为一个星期有 7 天，即 7 天为一周期，所以 n/7 等于 n 天里过了多少个整周，n%7 就是 n 天里除去整周后的零头（不满一周的天数），（n%7+3）%7 就是过 n 天之后的星期几。

程序代码如下。

```
#include<stdio.h>
int main()
{
    int    day,n;
    printf("Please input the day wil be passed:\n");
    scanf("%d",&n);                /*输入过多少天后 */
    day=(n%7+3)%7;                 /*计算过 n 天后是星期几*/
    printf("%d\n",day);            /*输出计算结果 */
    return 0;
}
```

运行结果如下。

```
Please input the day wil be passed:
20
2
Press any key to continue
```

5. 自增、自减运算符

++是自增运算符，它的作用是使变量的值增加 1。−−是自减运算符，它的作用与自增运算符相反，让变量的值减 1。它们均为单目运算符。

举例如下。

```
k++;          /*相当于 k=k+1*/
k--;          /*相当于 k=k-1*/
```

自增、自减运算符即可作前缀运算符（如++k），也可作后缀运算符（如 k++）。无论是前缀运算符还是后缀运算符，对于变量本身来说，都是自增 1 或自减 1，具有相同的效果；但对表达式来说，对应值却不同。后缀（如 k++）是先使用变量的值再使变量自增 1，前缀（如++k）是先使变量增 1 再使用该变量的值。−−运算类似。

举例如下。

```
int    k,m,i=4,j=4;
k=i++;
m=++j;
```

该程序段执行完后，i 和 j 的值均为 5，而 k 的值为 4（后缀形式，先取 i 的旧值），m 的值为 5（前缀形式，取 j 的新值）。

自增、自减运算符的运算对象只能为变量，不能为常量或表达式。因为常量的值是不允许改变的，表达式的值实际上也相当于一个常量，它们都不能放在赋值号的左边。

【例 3.10】自增、自减运算符的使用。

程序代码如下。

```
#include <stdio.h>
int main()
{
    int    i=8;
    printf("%d\n",++i);          /*i 加 1 后输出 9, i=9*/
    printf("%d\n",--i);          /*i 减 1 后输出 8, i=8*/
    printf("%d\n",i++);          /*输出 i 为 8 之后再加 1（i 为 9）*/
    printf("%d\n",i--);          /*输出 i 为 9 之后再减 1（i 为 8）*/
    printf("%d\n",-i++);         /*输出-8 之后再加 1（i 为 9）*/
    printf("%d\n",-i--);         /*输出-9 之后再减 1（i 为 9）*/
```

```
        return 0;
    }
```
运行结果如下。

3.1.8　逗号运算符和逗号表达式

C 语言提供了一种特殊的运算符——逗号运算符（又称顺序求值运算符）。用它将两个或多个表达式连接起来，表示顺序求值（顺序处理）。

用逗号连接起来的表达式，称为逗号表达式。

逗号表达式的一般形式如下。

　　表达式 1，表达式 2，…，表达式 n

逗号表达式的求解过程是自左向右，求解表达式 1，求解表达式 2，…，求解表达式 n。整个逗号表达式的值是表达式 n 的值。

例如，逗号表达式"3+5,6+8"的值为 14。

查运算符优先级表可知，"="运算符优先级高于","运算符（事实上逗号运算符级别最低），结合性为自左向右。

【例 3.11】逗号表达式的使用。

程序代码如下。

```
#include <stdio.h>
    int main()
    {
        int x,a;
        x=(a=3,6*3);                /*把逗号表达式的值赋给变量 x,a=3,x=18*/
        printf("%d,%d\n",a,x);
        x=a=3,6*a;                  /*a=3,x=3,整个逗号表达式的值为 18*/
        printf("%d,%d\n",a,x);
        return  0;
    }
```
运行结果如下。

```
3,18
3,3
Press any key to continue
```

逗号表达式的作用主要是将若干表达式"串联"起来，表示一个顺序的操作（计算）。

在许多情况下，使用逗号表达式的目的只是想分别得到各个表达式的值，而并非一定需要得到和使用整个逗号表达式的值。

并不是任何地方出现的逗号都作为逗号运算符。如在变量说明中，函数参数表中逗号只是用作各变量之间的间隔符。如下。

```
printf("%d,%d,%d" ,a,b,c);
```

其中 "a,b,c" 并不是一个逗号表达式，它是 printf 函数的 3 个参数，参数间用逗号间隔。如果改写为如下形式。

```
printf("%d,%d,%d",(a,b,c),b,c);
```

则 "（a,b,c）" 是一个逗号表达式，它的值等于 c 的值。括号内的逗号不是参数间的分隔符，而是逗号运算符。括号中的内容是一个整体，作为 printf 函数的一个参数，C 语言表达能力强，其中一个重要方面就在于它的表达式类型丰富，运算符功能强，因此 C 语言使用灵活，适应性强。

3.1.9　不同类型数据之间的转换

C 语言的数据类型丰富，不同数据类型的取值范围不同，进行混合运算时搞清楚运算结果的类型是非常重要的。

1.　自动类型转换

自动类型转换也叫隐式转换，是计算机按照默认规则自动进行的。C 语言规定，不同类型的数据在进行混合运算之前先转换成相同的类型，然后再进行计算，转换的规则如下。

（1）所有的 char 型和 short 型一律先转化为 int 型，所有的 float 型先转化为 double 型再参加运算。

（2）当算术运算符 "+"、"–"、"*"、"/"、"%" 两边的数据类型不一致时，"就高不就低"。这里的 "高" 和 "低" 是指数据所占存储空间的大小。如下。

```
 int x=1; float y=x+1.5;
```

因为 y 要先转换为占 8 字节的 double 型，而 int 的 x 只占 4 字节，故 x 也要转换为 double 型之后才能进行加 1.5 的运算。

（3）当赋值号两边的类型不一致时，右向左看齐。

例如：　int i; float x=26.789; i=x;中，i 的结果为 26。

（4）当函数定义时的形式参数和调用时的实际参数类型不一致时，实际参数自动转换为形式参数的类型。

2.　强制类型转换

强制类型转换也称为显示转换；C 语言中提供一种 "强制类型转换" 运算符，用它可以强迫表达式的值转换为某一特定类型。

一般形式如下。

（类型）表达式

强制类型转换最主要的用途有以下几方面。

（1）满足一些运算符对类型的特殊要求。

例如，取余运算要求 "%" 两侧的数据类型为整型。"17.5%9" 的表示方法是错误的，但 "(int)17.5%9）" 就是正确的。

另外，C 语言有些库函数（如 malloc）的强调结果是空类型（void），必须根据需要进行类型的强制转换，否则调用结果无法利用。

（2）防止整数进行乘除运算时小数部分丢失。

【例 3.12】强制类型转换举例。

程序代码如下。

```
#include <stdio.h>
int main()
{
```

```
        int x=5,y=2;
        float f1,f2;
        f1=x/y;
        f2=(float)x/y;
        printf("f1=%f,f2=%f\n",f1,f2);
        return 0;
    }
```
运行结果如下。

```
f1=2.000000,f2=2.500000
Press any key to continue
```

在 C 语言中，使用最频繁的库函数就是 printf，但是无论把一个整型数按照"%f"输出，还是把一个实型数按照"%d"输出，结果都是错误的。

3.2　C 语句

3.2.1　C 语句概述

流程控制是指程序中语句执行的顺序，在 1960 年末，理论上已经证明了任何复杂的算法都可以由顺序结构、选择结构和循环结构这 3 种基本的流程控制结构组成。对于所有的程序而言，流程控制其实都是顺序结构，也就是说程序语句总体来看就是一条接着一条按照其在程序中的位置顺序执行的。

C 语言提供了多种语句来实现程序结构，程序的执行部分是由语句组成的，功能也是由执行语句实现。C 语言可分为：表达式语句、函数调用语句、控制语句、复合语句、空语句 5 类。介绍这些基本语句及其在顺序结构中的应用，可以使读者对 C 语言有一个初步的认识，为以后的学习打下基础。

1. 表达式语句

表达式语句由表达式加上分号";"组成，运行结果可以得到表达式的值。

其一般形式如下。

表达式;

举例如下。

x=y+z;　　是赋值语句。

i++;　　　是自增 1 语句，i 值增 1。

2. 函数调用语句

由函数名、实际参数加上分号";"组成。

其一般形式如下。

函数名（实际参数表）;

函数语句的执行就可以调用函数体并把实际参数赋予函数定义中的形式参数，然后执行被调用函数体中的语句（在第 7 章 函数中将详细介绍）。

例如：printf ("this is a C Program"); 表示调用库函数，输出字符串。

3. 控制语句

控制语句用于控制程序的流程，C 语言由特定的语句定义符定义 9 种控制语句。可以实现程序的各种结构方式。它们可以分为 3 类。

条件判断语句：if 语句、switch 语句。

循环执行语句：do...while 语句、while 语句、for 语句。

转向语句：break 语句、goto 语句、continue 语句、return 语句。

4. 复合语句

把一组语句用大括号"{}"括起来组成的一个语句称为复合语句。在程序中把复合语句看成一个整体，相当于单条语句，而不是多条语句。

举例如下。

```
{x=y+z;
 a=b+c;
 printf("%d%d",x,a);
}
```

这是一条复合语句。

复合语句内的各条语句都必须以分号";"结尾，在右大括号"}"外不能加分号。

5. 空语句

只由分号";"组成的语句称为空语句。其形式为：不产生任何操作运算，只作为形式上的语句。

举例如下。

```
while(getcher()!='\n')
            ;
```

本语句的功能是，只要从键盘输入的字符是回车就跳出循环。

3.2.2　最基本的语句——赋值语句

在 C 程序顺序结构中，最常用的语句是赋值语句和输入输出语句。其中最基本的是赋值语句。

1. 赋值运算符和赋值表达式

赋值运算符："="为双目运算符，右结合性。

赋值表达式：由赋值运算符组成的表达式称为赋值表达式。

赋值表达式一般形式如下。

变量　赋值符　表达式

举例如下。

a=9

赋值表达式的求解过程如下。

（1）先计算赋值运算符右侧的"表达式"的值。

（2）将赋值运算符右侧"表达式"的值赋给左侧的变量。

（3）整个赋值表达式的值就是被赋值变量的值。

赋值的含义：将赋值运算符右边的表达式的值存放到左边变量名标识的存储单元中。如下。

x=10+y

将赋值表达式作为表达式的一种，使赋值操作不仅可以出现在赋值语句中，而且可以以表达式的形式出现在其他语句中。

如下。

```
printf("i=%d,s=%f\n",i=12.5,s=3.14*12.5*12.5);
```

该语句直接输出赋值表达式 i=12.5 和 s=3.14*12.5*12.5 的值，也就是输出变量 i 和 s 的值，在一个语句中完成了赋值和输出的双重功能，这就是 C 语言的灵活性。

说明如下。

（1）赋值运算符左边必须是变量，右边可以是常量、变量、函数调用或常量、变量、函数调用组成的表达式。例如，x=10、y=x+10 和 y=func()都是合法的赋值表达式。

（2）赋值符号"="不同于数学的符号，它没有相等的含义（"=="相等）。例如，C 语言中 x=x+1 是合法的（数学上不合法），它的含义是取出变量 x 的值加 1，再存放到变量 x 中。

2. 复合的赋值运算符

在赋值符"="之前加上某些运算符，可以构成复合赋值运算符，C 语言中许多双目运算符可以与赋值运算符一起构成复合运算符，即+=、-=、*=、/=、%=、<<=、>>=、&=、|=和^=（共 10 种）。

复合赋值运算符均为双目运算符，右结合性。

复合赋值运算符构成赋值表达式的一般格式如下。

　　　变量名　复合赋值运算符　表达式

功能：对"变量名"和"表达式"进行复合赋值运算符所规定的运算，并将运算结果赋值给运算符左边的"变量名"。

复合赋值运算符的作用等价于

　　　变量名=变量名　运算符　表达式

即先将变量和表达式进行指定的复合运算，然后将运算的结果值赋给变量。

例如，a*=3 等价于 a=a*3，a/=b+5 等价于 a=a/(b+5)。

赋值运算符、复合赋值运算符的优先级比算术运算符低，"a*=b+5"与"a=a*b+5"是不等价的，它实际上等价于"a*(b+5)"，这里括号是必需的。

赋值表达式也可以包含复合的赋值运算符。例如，"a+=a-=a*a"也是一个赋值表达式，如果 a 的初值为 12，此赋值表达式的求解步骤如下。

（1）先进行"a-=a*a"的运算，它相当于 a=a-a*a。a=12-144=-132。

（2）再进行"a+=-132"的运算，相当于 a=a+(-132)=-132-132=-264。

【例 3.13】复合赋值运算符的使用。

程序代码如下。

```
#include <stdio.h>
int main()
{
    int a=3,b=2,c=4,d=8,x;
    a+=b*c;                        /*a=11*/
    b-=c/b;                        /*b=0*/
    printf("%d,%d,%d\n",a,b,c*=2*(a-b));
    d%=a;
    pintf("x=%d\n",x=a+b+c+d);
    return 0;
}
```

运行结果如下。

```
11,0,88
x=107
Press any key to continue
```

3. 赋值语句

赋值语句的一般形式如下。

变量 赋值符 表达式；

举例如下。

a=3；

赋值表达式的末尾没有分号，而赋值语句的末尾必须有分号。

4. 赋值过程中的类型转换

在进行赋值运算时，当赋值运算符两边数据类型不同时，将由系统自动进行类型转换。

转换原则是先将赋值号右边表达式类型转换为左边变量的类型，然后赋值。对于不同的数据类型，其转换规则如下。

（1）将实型数据（单、双精度）赋值给整型变量，舍弃实数的小数部分。

（2）将整型数据赋给单、双精度实型变量，数值不变，但以浮点数形式存储到变量中。

（3）将 double 型数据赋给 float 型变量时，截取其前面 7 位有效数字，存放到 float 变量的存储单元中（32bit）。但应注意数值范围不能溢出。将 float 型数据赋给 double 型变量时，数值不变，有效位数扩展到 16 位（64bit）。

（4）字符型数据赋值给整型变量时，由于字符只占 1 字节，而整型变量为 2 字节，因此将字符数据（8bit）放到整型变量低 8 位中。有以下两种情况。

① 如果所使用的系统将字符处理为无符号的量或对 unsigned char 型变量赋值，则将字符的 8 位放到整型变量的低 8 位，高 8 位补 0。

② 如果所使用的系统将字符处理为带符号的量（signed char）（如 Visual C++），若字符最高位为 0，则整型变量高 8 位补 0；若字符最高位为 1，则整型变量高 8 位全补 1。这称为符号扩展，这样做的目的是使数值保持不变。

（5）将一个 int、short、long 型数据赋给一个 char 型变量时，只是将其低 8 位原封不动地送到 char 型变量（即截断）。

（6）将带符号的整型数据（int 型）赋给 long 型变量时，要进行符号扩展。即将整型数的 16 位送到 long 型低 16 位中，如果 int 型数值为正，则 long 型变量的高 16 位补 0；如果 int 型数值为负，则 long 型变量的高 16 位补 1，以保证数值不变。反之，若将一个 long 型数据赋给一个 int 型变量，只将 long 型数据中低 16 位原封不动地送到整型变量（即截断）即可。

（7）将 unsigned int 型数据赋给 long int 型变量时，不存在符号扩展问题，只要将高位补 0 即可。要将一个 unsigned 类型数据赋给一个占字节相同的整型变量，只需将 unsigned 型变量的内容原样送到非 unsigned 型变量中即可，但如果数据范围超过相应整数的范围，则会出现数据错误。

（8）将非 unsigned 型数据赋给长度相同的 unsigned 型变量，也是原样照赋。

总之，不同类型的整型数据间的赋值，归根到底就是按照存储单元的存储形式直接传送。由长型整数赋值给短型整数，截断直接传送；由短型整数赋值给长型整数，低位直接传送，高位根据低位整数的符号进行符号扩展。

3.3 数据的输入输出

3.3.1 输入输出概念

几乎每一个 C 程序都包含输入输出。输入输出是程序中最基本的操作之一。

（1）输入输出是以计算机主机为主体而言的。从计算机向输出设备（如显示器、打印机等）输出数据称为输出。从输入设备（如键盘、磁盘、光盘、扫描仪等）向计算机输入数据称为输入。

（2）C 语言本身不提供输入输出语句。输入和输出操作是由 C 标准函数库中的函数来实现的。printf 和 scanf 不是 C 语言的关键字，而只是库函数的名字。还有 putchar、getchar、puts、gets 等库函数。

C 提供的标准库函数以库的形式在 C 的编译系统中提供，它们不是 C 语言文本中的组成部分。不把输入输出作为 C 语句的目的是使 C 语言的编译系统简单精炼，因为将语句翻译成二进制的指令是在编译阶段完成的，没有输入输出语句就可以避免在编译阶段处理与硬件有关的问题，可以使编译系统简化，而且通用性强，可移植性好，在各种型号的计算机和不同的编译环境下都适用，便于在各种计算机上实现。

（3）使用输入输出函数时，在程序文件的开头用预编译指令#include <stdio.h> 或#include "stdio.h"。

stdio 是 standard input &output（标准输入和输出）的缩写。文件后缀"h"是 header 的缩写。

3.3.2 用 printf 格式输出函数输出数据

在 C 程序中用来实现输出和输入的，主要是 printf 函数和 scanf 函数。这两个函数是格式输入和输出函数。用这两个函数时，程序设计人员必须指定输入输出数据的格式，即根据数据的不同类型指定不同的格式。

1. printf()函数的功能和格式

printf()函数称为格式输出函数，最末一个字母 f 即为"格式"（format）之意，格式输出函数 printf()的一般调用形式如下。

```
printf("格式控制字符串",输出项表列)
```

举例如下。

```
printf("a=%d,b=%d\n",a,b)
```

printf()函数功能是按用户所指定的"格式控制字符串"的格式，将制定的输出项表列数据输出到标准输出设备（通常为显示器）。格式控制字符串是使用一对双引号括起来的字符串，格式字符串用于指定后面各个输出项的输出格式，输出项表列用于指定输出内容，它通常由一个或多个输出项构成，当有多个输出项时，输出项之间应使用逗号","分隔，输出项可以是常数、变量或表达式。

输出格式由格式控制字符串加以规定，将输出项表列相对应的输出项以指定的格式进行输出。格式控制字符串由"格式字符"和"普通字符（包括转义字符序列）"两种字符组成，普通字符串在输出时原样输出，普通字符主要是在显示中起提示作用，格式字符形式如下。

%【附加格式说明符】格式字符

例如，%d，%10.2f 等。

（1）格式符号。最简单的格式说明符是以%开头后面跟一个特定的字母，用来与输出项的数据类型相匹配。如下。

"%d" 表示按十进制整型输出。

"%ld" 表示按十进制长整型输出。

"%c" 表示字符型输出一个字符。

"%s" 表示按实际宽度输出一个字符串。

常用的格式说明符如表 3-2 所示。

表 3-2　　　　　　　　　　　　　　格式说明符

格式字符	功　　能
d	输出带符号十进制形式整数（正数不输出符号）
o	输出无符号八进制形式整数（不输出前缀 0）
x,X	输出无符号十六进制形式整数（不输出前缀 0x）
u	输出无符号十进制形式整数
f	输出单、双精度小数形式实数（6 位小数）
c	输出单个字符
s	输出一串字符
e,E	以指数形式输出单、双精度实数（尾数含 1 位整数，6 位小数，指数至多 3 位）
g,G	以%f 或%e 中输出宽度较小的格式输出单、双精度实数，不输出无意义的 0

① 整型数据格式输出。

● %d：输出十进制基本整型数据。如下。

设整形数据 a=12；b=13；

```
printf("%d, %d", a,b);
```

上面双引号中的字符 "%d" 是十进制整型格式说明符，其作用是使输出项 a、b 中的数据以十进制整型格式输出到显示屏幕上。两个 "%d" 之间的逗号 "," 是普通字符，按原样输出，上面的语句的输出结果如下。

```
12, 13
```

● %ld: 输出十进制长整型数据。如下。

```
long int a=1234567;
printf("%ld", a);
```

变量 a 是长整形变量，因此在输出时格式说明符应该使用 "%ld"。但对于 Visual C++ 6.0 编译环境来说，由于 int 类型数据和 long int 类型数据在内存中均占 4 字节,因此长整型数据在 Visual C++ 6.0 中也可以用 "%d" 格式说明符控制输出。例如，上面程序段在 Visual C++ 6.0 中可改成为下面形式。

```
long int a=1234567;
printf("%d", a);
```

而在 Turbo C 2.0 编译环境中，长整型数据只能用 "%ld" 控制输出格式，基本整型数据只能用 "%d" 控制输出格式，这一点与编译程序有关，请读者们一定要注意。

- %u（或%lu）：输出无符号十进制基本整型数据（或长整型数据）。
- %o（或%lo）：以无符号八进制格式输出整型数据（或长整型数据）。
- %x（或%1x）：以无符号十六进制格式输出整型数据（或长整型数据）。

例如下面程序段。

```
unsigned int x=65535;
int y=-2;
printf("带符号x=%d, 无符号x%u\n", x, x);
printf("带符号y=%d, 无符号y=%u\n", y, y);
printf("%d%o, %x\n", x, x, x);
```

上述程序在 Turbo C 2.0 环境下运行后，变量 x、y 的内存分配情况如图 3-6 所示。若对变量 x、y 以 "%d" 格式输出，则 x、y 将被看作有符号数（这时，最高位二进制数将作为符号位），其内部存储的是数据的补码形式；若对变量 x、y 以 "%u" 格式输出或者以八进制或十六进制格式对整形数据进行输出时，最高二进制位将不再作为符号位，而作为八进制或十六进制数的一部分进行输出，则 x、y 将被看作无符号数（这时，最高位二进制数将作为数值位），其内部存储的是数据的真实值。

图 3-6 x、y 的内存分配情况

所以，上述程序的运行结果如下。

```
带符号x=-1, 无符号x=65535
带符号y=-2, 无符号y=65534
-1, 177777, FFFF
```

而在 Visual C++ 6.0 环境下运行的结果如下。

```
带符号x=65535, 无符号x=65535
带符号y=-2 , 无符号y=4294967294
65535, 177777, ffff
```

由此可见，C 程序由于编译环境的不同，对同一程序的执行结果有可能不同。因此在编写程序时应考虑程序的通用性，即在不同的编译环境中执行的结果是相同的。

② 浮点型数据格式输出。

C 语言程序的浮点数有十进制小数和科学计数法两种输出形式，对于单精度和双精度浮点数来说，它们的格式说明符完全相同。

- %f：以十进制小数形式输出单精度、双精度浮点数。
- %e：以科学计数法形式输出单精度、双精度浮点数。
- %g：根据浮点数的大小，自动选用%f 或%e 格式中输出宽度较短的一种格式，且不输出无意义的零。

【例 3.14】十进制小数形式输出单精度、双精度浮点数。

程序代码如下。

```
#include<stdio.h>
int main()
{
    double x=3.1415;
    float y=15.725;
    printf("x=%f,y=%f\n",x,y);
    printf("x=%e,y=%e\n",x,y);
    printf("x=%f,x=%e,x=%g\n",x,x,x);
    return 0;
}
```

运行结果如下。

```
x=3.141500,y=15.725000
x=3.141500e+000,y=1.572500e+001
x=3.141500,x=3.141500e+000,x=3.1415
Press any key to continue
```

说明如下。

上述程序的 printf 函数的"格式控制字符串"中除了"%f，%e，%g"格式说明符以外的其他普通字符将按原样输出，%f 控制后面的两个输出项 x 和 y 以十进制小数形式输出，小数部分的输出位数与系统有关，Visual C+ +6.0 编译程序默认输出 6 位小数，若不够 6 位末尾补零，"%e"控制后面的两个输出项 x 和 y 以科学计数法形式输出。

③ 字符型格式说明符。

例如%c：输出一个字符。

```
    char c;
    c='s';
    printf("%c", c);
```

上述程序输出结果为：s。

④ 字符串格式说明符。

例如%s：按实际宽度输出一个字符串。

```
printf("%s","hello");
```

输出结果为：hello。

（2）转义字符。转义字符作为格式控制字符串中的非格式字符，由"\"和一个特定的字母组成，用于输出某些特殊字符和不可打印的控制字符。常用的转义字符如表 3-3 所示。

表 3-3　　　　　　　　　　　　　　　　转义字符

转义字符形式	功　　能
\n	换行
\t	横向跳格（即跳到下一个输出区——占 8 列）
\v	竖向跳格
\b	退格（不换行）
\r	回车
\f	走纸换页
\\	反斜杠字符"\"
\'	单引号字符

转义字符形式	功 能
\ddd	1 到 3 位八进制数所代表的字符
\xdd	1 到 2 位十六进制数所代表的字符

假设 a 和 b 是整型变量（a=123，b=1455），c 是浮点型变量（c=3.14159265）。

```
printf("a=%d, b=%x\t, c=%f\n",a,b,c);
```

该语句的输出结果如下。

```
a=124,b=5af,                    c=3.141593
```

（3）附加格式说明。在%和格式符之间的附加格式说明符，用于指定输出时的对齐方向、输出数据的宽度、小数部分的位数等要求，附加格式说明符可以是其中之一或多个字符的组合。常用的附加说明符如表 3-4 所示。

表 3-4　　　　　　　　　　　　　　附加格式说明符

附加说明符	意 义
m（m 为正整数）	为域宽描述符，数据输出宽度为 m，若实际位数多于定义的宽度，则按实际位数输出，若实际位数少于定义的宽度则补以空格或 0
.n（n 为正整数）	为精度描述符，对实数，n 为输出的小数位数，若实际位数大于所定义的精度数，则截去超过的部分；对字符串，表示输出 n 前各字符
l	表示整型按长整量输出，如%ld,%lx,%lo；对实型按双精度型量输出，如%lf,%le
-	数据左对齐输出，右边填空格，无"-"时默认右对齐输出

● 对于整型格式说明符，其附加格式说明符一般形式为："%[-][m]整型格式说明符"。"-"依然表示数据输出时左对齐；"m"表示整个数据的输出最小宽度。

举例如下。

设整型数据 int x=18，y=-1；

```
printf("%-5d,%4d\n",x,y);
printf("%15o,%-10x\n",y,y);
```

printf 函数输出结果如下。

```
18␣␣␣, ␣␣-1
␣␣␣␣37777777777,ffffffff␣␣
```

● 对于浮点数格式说明符，其附加格式说明符一般形式为："%[-][m.n]"浮点格式说明符"。

"-"依然表示数据输出时左对齐；

"m"表示整个数据的输出宽度，"n"表示小数部分输出的位数。

【例 3.15】以指定的格式输出十进制小数形式单精度浮点数。

程序代码如下。

```
#include<stdio.h>
int main()
{
  double pi=3.1415;
  printf("%f,%6.2f,%.2f,%-6.2f",pi,pi,pi,pi);
  return 0;
}
```

运行结果如下。

```
3.141500,  3.14,3.14,3.14  Press any key to continue
```

● 对于字符型格式说明符，其附加格式说明符一般形式为"%mc"。以宽度 m 输出一个字符，若 m>1，则在输出字符前面补 m-1 个空格。

举例如下。

```
char c;
c='s';
printf("%3c",c);
```

输出结果为　　　s。

● 对于字符串格式说明符，其附加格式说明一般形式为"% [-][m]s"或"%[-][m.n]s"。

其中%[-][m]s 表示输出的字符串占 m 列，若字符串本身长度超过 m 列，则按实际宽度输出；若字符串长度小于 m 列，若 m 前有负号"-"，字符串左对齐，右补空格，否则字符串右对齐，左补空格。

%[-][m.n]s 表示输出的字符串占 m 列，但只取字符串中左端 n 个字符。如 m>n，m 前有负号"-"时，这 n 个字符左对齐，右补空格；m 前没有负号"-"时，这 n 个字符右对齐，左补空格；若 m<n，则 m 自动取 n 值，以保证 n 个字符正常输出。

【例 3.16】以指定的格式输出字符串。

程序代码如下。

```
#include<stdio.h>
int main()
{
printf("%s,%3s,%8s,%-8s,%8.3s","hello","hello","hello","hello","hello");
return 0;}
```

运行结果如下。

```
hello,hello, □ □ □ hello,hello □ □ , □ □ □ □ □ hel
```

（4）普通字符。"格式控制字符串"中，以上 3 项字符以外的其他字符都是普通字符，进行输出时在显示屏幕上将按原样输出显示。如下。

```
int a=7,b=8;
printf("输出 a=%d,输出 b=%d\n", a,b,);
```

上述程序段中，printf 函数的"格式控制字符串"中，两个"%d"以外的其他字符均为普通字符，其中"输出 a=，输出 b="是可打印字符，它们将在显示屏幕上原样输出，最后一个字符"\n"是一个转义字符，表示"换行符"，输出时光标将在屏幕上另起一行显示。上述程序段的输出结果如下。

```
输出 a=7,输出 b=8
```

（光标另起一行闪烁）

2．printf()函数说明

在使用格式输出函数时，需要注意以下问题。

（1）整个格式控制字符串必须用双引号括住，如果有输出项目，则格式控制字符串与第一个输出项之间一定要用一个逗号隔开。

（2）格式控制中的各格式说明符与输出项表列数量、顺序、类型等必须一一对应，否则会产生意想不到的后果。

（3）格式说明符除一些大写字母具有特殊含义外，均要用小写字母，如"%d"不能写成"%D"。

（4）数值范围在 0～255 之间的正数也可以用字符形式输出，首先将整数转换成相应的 ASCII

码字符，然后进行输出。反之，也可以将一个字符型数据转换为相应的 ASCII 码数值以整数形式输出。

举例如下。

```
int x=83;
char y='s';
printf("x=%d,%c\n",x,x);
printf("y=%d,%c\n",y,y);
```

程序运行结果如下。

```
x=83,s
y=83,s
```

若要输出符号"%"。应连用两个"%"。如下。

```
printf("x=%f%%",1.0/3);
```

输出结果如下。

```
0.333333%
```

3.3.3 用 scanf 格式输入函数输入数据

C 语言并没有配备专门输入语句来实现输入，所有的输入操作都是通过函数调用实现的，本节介绍标准的输入函数 scanf()，默认的标准输入设备通常为键盘，scanf()函数定义在头文件"stdio.h"中来完成，因此在使用这些函数之前应该使用预编译命令中的#include<stdio.h>将头文件包含 C 在程序中。

1. scanf()函数的功能及格式

格式输入函数其一般调用形式如下。

```
scanf("格式控制字符串", 地址表列);
```

scanf()函数的功能就是按照指定的格式（通常是键盘）输入数据，并将数据存入内存地址表所对应的内存单元中，"格式控制字符串"的含义与 printf()函数相同，用双引号括起来，用来规定输入数据格式，可包括格式说明和普通字符两部分。格式说明由"%"和格式说明符组成，不同的格式说明符规定用不同的格式输入数据给相应的输入项；地址表列是输入数据的变量地址或字符串的首地址，而不是变量本身，变量地址必须在变量名前加地址运算符"&"表示（如&x、&y 分别表示变量 x、y 的变量地址），这与 printf()函数完全不同，多个地址项之间需要用逗号","分隔。

例如：用键盘输入两个十进制整数给整型变量 x 和 y，应该是 scanf（"%d%d",&x,&y）；而不是 scanf（"%d%d",x,y）；。

（1）整型格式说明符。格式输入函数的整型格式说明符及其含义如表 3-5 所示。

表 3-5　　　　　　　　　　　　　scanf()函数的整型格式说明符

整型格式符	意　　义
%d	输入十进制基本整型数据
%ld	输入十进制长整型数据
%u	输入无符号十进制基本整型数据
%lu	输入无符号十进制长整型数据
%o(%lo)	输入八进制基本（长）整型数据
%x(%lx)	输入十六进制基本（长）整型数据
%m 整型格式说明符	按整数 m 指定的宽度输入一个整型数据

【例 3.17】 格式输入函数 scanf() 输入整型格式数据。

程序代码如下。

```c
#include<stdio.h>
int main()
{
  int a,b,c;
  scanf("%d%d",&a,&b);
  c=a*a+b*b;
  printf("c=%d\n",c);
  return 0;
  }
```

程序调试过程

运行结果如下。

按如下方式输入 a、b 的值：

4 ␣ 5↙　　　　（输入 a,b 的值）

c=41　　　　　（输出 c 的值）

说明如下。

&a,&b 中的 & 是地址运算符，&b 是指变量 b 在内存中的地址，程序在执行时，就用键盘输入两个整型数据分别存入变量 a、b 在内存中所对应的存储单元，如图 3-7 所示，然后把运算结果赋值给变量 c，最后使用 printf() 函数输出变量 c 的值。

利用键盘输入整型数据时，当格式说明符中没有宽度说明时应注意以下问题。

① 如果格式说明符之间没有其他字符，例如例 3.17 程序的 scanf() 函数。

```c
scanf("%d%d",&a,&b);
```

"%d" 之间没有其他字符，则输入时，数据之间用"空格"、"Tab"或"回车"来分隔。

例如，例 3.17 程序在执行 scanf() 函数时，按下面形式输入数据是正确的。

3 ␣ 4↙

3↙

4↙

3<按 Tab 键>4

但按下面形式输入数据都是不合法的。

3, 4↙

3、4↙

3; 4↙

图 3-7　变量的内存分配情况

② 如果格式说明符之间包含其他普通字符，则输入时，普通字符将按原样输入。例如，例 3.17 程序的 scanf() 函数若改为如下形式。

```c
scanf("a=%d,b=%d",&a,&b);
```

则执行时，应按如下形式输入 a、b 的值。

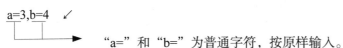

　　　　　　"a=" 和 "b=" 为普通字符，按原样输入。

（2）实型格式说明符。格式输入函数的单精度、双精度浮点数（实型数）的格式说明符不相同，这与格式输出函数 printf() 略有差别，如表 3-6 所示。

表 3-6   scanf()函数的实型格式说明符

实型格式符	意　　义
%f、%e	用于输入单精度实型数据
%lf、%le	用于输入双精度实型数据

实型数据输入时输入的数据可以是整数（不带小数点）、带小数点的定点数或者指数形式（如 3e-4，5.4e3）表示的实数；在输入函数 scanf()中不能用%m.nf 规定输入数据的精度格式。例如 scanf(" %6.3f" ,&y);是非法的，不能用此语句输入小数为 3 位的实数，当输入数据 123456 不能使得 y 的值为 123.456。

一般在执行 scanf()函数前，先执行 printf()函数，在显示屏幕上输入一行提示信息，然后光标在提示信息之后闪烁等待用户通过键盘输入数据。这种程序风格具有良好的用户界面，值得借鉴。例如下面程序段。

```
double  x,y,c;
printf"请输入直角三角形边 x,y: ");
scanf("%lf,%lf", &x,&y);
c=sqrt(x*x+y*y);
printf("直角三角形第三边边长 c=%f \n",c);
```

运行结果如下。

请输入直角三角形的边长 x,y: 3.0,4.0✓（前边为提示信息，后边为输入数据）

直角三角形边长为 c=5.000000　　　　　（输出第三条边 c 的边长）

x、y 为双精度浮点类型，因此 scanf()函数相应的格式说明符只能用 "%lf"，而不能用 "%f"，另外 "%lf, %lf" 中的逗号 ","是普通字符，在输入时应按原样输入。

（3）字符格式说明符。用于输入字符型数据的格式说明符为 "%c" 或 "%mc"。m 为整型数据，表示输入字符数据时的宽度。

【例 3.18】从键盘输入一个字符，然后将其按字符和整数这两种形式输出。

程序代码如下。

```
＃include<stdio.h>
int main()
{
char c;
scanf("%c ",&c);
printf("%c,%d\n",c,c);
return 0;
}
```

程序运行时必须输入一个字符型数据给变量 c。

B✓　　　　　　　　　　　（输入字符 B 给变量 c）

B,66　　　　　　　　　　　（输出变量 c 的值）

（4）字符串格式说明符。用于输入字符串数据的格式说明符 "%s"，输入的字符串不必加双引号，但遇到空格、制表符或换行符时将终止接收，详细情况将在后面章节进行讨论。

2. scanf()函数使用注意事项

● 与 printf()函数一样, scanf()函数的格式控制中的各格式说明符与内存地址表中的变量地址在个数、顺序、类型方面必须一一对应。

● 参数列表中必须是变量地址，而不应是变量名。例如 scanf("%d%d",x,y);是不对的，应将 x，y 改为&x，&y。这是 c 语言的特点，需要重点注意。

● 在%与格式说明符之间可以加上一个附加说明符星号 "*"，如%*d，使对应输入的数据不赋给相应变量。

例如下面程序段。

```
int i=0,j=0,k=0;
scanf("%2d   %*3d   %2d",&i,&j);
```

执行时输入：

```
10   200   30↙
```

执行结果为 i=10，j=30；k 依旧保留原来的 0。其中，%*3d 表示读入三位整数，但是不赋值给任何变量，也就是说第二个数据 "200" 被跳过不赋予任何变量，这一点是在输入一批数据时，对于有些不需要的数据可以使用此方法跳过。

● 当整型或字符型格式说明符中有宽度说明时，按宽度说明截取数据。

【例 3.19】输入/输出格式举例。

程序代码如下。

```
#include<stdio.h>
int main()
{
  int a,b,c,d;
  char c;
  printf("请输入 a,b,c,d:");
  scanf("%d%d%c%3d",&a,&b,&c,&d);
  printf("a=%d,b=%d,c=%c,d=%d\n",a,b,c,d);
  return 0;
}
```

运行结果如下。

如果从键盘上输入如下形式的数据：

```
请输入 a,b,c,d:10 ␣ 11 A 12345↙
              d    d  c  3d
```

则它们与格式说明符之间的对应关系如上，最后赋给各变量的值为 a=10,b=11,c=A,d=123。其中 45 将会丢失掉，因为宽度的问题。

● 在 "格式控制字符串" 中除了格式控制外还有其他非格式字符的普通字符，则在输入数据时按原样输入。

举例如下。

```
int h,m,s;
scanf("%d:%d:%d",&h,&m,&s);
```

输入时应按如下形式输入。

```
12:35:28↙
```

不能按如下形式输入。

```
12,35,28↙
```

● 在使用 "%c" 输入字符时，空格和转义字符都作为有效字符输入。

举例如下。

```
char  a,b,c;
scanf("%c%c%c",&a,&b,&c);
```

若输入

```
  B    O    Y√
```

执行结果为

```
a=B, b=   ,c=O
```

字符'B'、'O'、'Y'分别赋给变量 a,b,c，正确的输入方法为 BOY√。

3.3.4　字符数据的输入输出

格式化输入输出函数 scanf()和 printf()可以完成单个字符的输入和输出，但是由于 C 语言程序中经常用到单个字符的输入和输出，所以专门提供了对单个字符的输入输出函数 getcher()和 putchar()，函数原型在头文件 stdio.h 中，所以使用它们前应用预处理命令 #include<stdio.h>将文件包含到程序文件中。

1. 单个字符输出函数 putchar()

调用格式：putchar(ch);

参数说明：ch 为字符型常量或者变量，也可以是整型数据。

功能说明：当参数 ch 为字符型数据时，putchar 函数在显示屏幕的光标闪烁处显示 ch 所表示的字符；当参数 ch 为整型数据时，则显示以整数 ch 为 ASCII 码值的字符。putchar 函数除了能输出普通字符外，也可以输出控制字符和转义字符，如 '\n'，'\t' 等。

【例 3.20】分析并写出下面程序的执行结果。

程序代码如下。

```
#include<stdio.h>
int main()
{
    char c1,c2='h',c3,c4,c5;
    c1=c2-5-32;      /*c2-5 是小写字母 c,c2-5-32 是大写字母 c*/
    c3=c2+1;         /*c2+1 是小写字母 i*/
    c4=c2+6;         /*c2+6 是小写字母 n*/
    c5=c2-7;          /*c2-7 是小写字母 a*/
  putchar(c1);putchar('\n');
  putchar(c2);putchar('\n');
  putchar(c3);putchar('\n');
  putchar(c4);putchar('\n'');
  putchar(c5);putchar('\n');
  return 0;
}
```

运行结果如下。

putchar('\n')输出一个换行符，因此上面程序执行时，在输出每个变量所代表的字符后，紧接着输出一个换行符，所以程序运行结果如下。

说明如下。

另外，也可以将变量的值直接用字母对应的 ASCII 码来赋值，若将上述程序的 4 个赋值语句改为

```
c1=67 ;   c3=105;  c4=110;   c5=97;
```

则 putchar()函数执行时，将分别显示以相应整型数据为 ASCII 码值的字符，因此运行结果相同。

2. 单个字符输入函数 getchar()

调用格式：getchar();

功能说明：接收从标准输入设备中读入一个字符，并返回该字符，getchar()函数没有参数。

例如下面程序段。

```
{ char   ch1;
  printf("请输入一个字符: ")  /*提示用户输入一个字符*/
  ch1=getchar();             /*读入一个字符*/
  putchar('\n');
  printf(ch1);putchar(ch1+32);
  putchar('\n');
  return 0;
  }
```

运行结果如下。

```
    请输入一个字符:A↙    （输入'A'后，按"回车"键，字符才能送到内存）
    输出的字符为: Aa
```

在程序运行中从键盘输入函数时，尽管可以从键盘输入多个字符，但 getchar()只能接收一个字符。

getchar()函数与 putchar()函数一次只能输入、输出一个字符。而格式化输入、输出函数 scanf() 和 printf()可以按照指定格式输入、输出若干个任意类型数据。

3.3.5　程序综合实例

【例 3.21】输入三角形的三边长，求三角形的面积。

思路分析如下。

已知三角形的三边长 a、b、c，则该三角形的面积公式为

area=$\sqrt{s(s-a)(s-b)(s-c)}$，其中 $s=(a+b+c)/2$，所以只需要输入三条边，就可以得到三角形的面积。

程序代码如下。

```
#include<math.h>
#include<stdio.h>
int main()
{
  float a,b,c,s,area;
  printf("请输入三角形的三条边a,b,c: ");
  scanf("%f,%f,%f",&a,&b,&c);          /*输入边长a,b,c*/
  s=1.0/2*(a+b+c);
  area=sqrt(s*(s-a)*(s-b)*(s-c));       /*计算三角形面积*/
  printf("a=%7.2f,b=%7.2f,c=%7.2f\n",a,b,c,s);
  printf("area=%7.2f\n",area);          /*输出三角形面积*/
  return 0;
  }
```

程序调试过程

运行结果如下。

【例 3.22】求 $ax^2+bx+c=0$ 方程的两个实根。a、b、c 由键盘输入。（默认 $b^2-4ac \geqslant 0$）

思路分析如下。

首先要知道求方程式 $ax^2+bx+c=0$ 的根的方法。由数学知识已知，如果 $b^2-4ac \geqslant 0$，则一元二次方程有两个实根：

$$x_1 = \frac{-b+\sqrt{b^2-4ac}}{2a} \qquad x_2 = \frac{-b-\sqrt{b^2-4ac}}{2a}$$

$$p = \frac{-b}{2a} \qquad q = \frac{\sqrt{b^2-4ac}}{2a} \qquad x_1 = p+q \qquad x_2 = p-q$$

程序代码如下。

```
#include <stdio.h>
#include <math.h>
int main ( )
{  double a,b,c,disc,x1,x2,p,q;
   scanf("%lf%lf%lf",&a,&b,&c);
   disc=b*b-4*a*c;
   p=-b/(2.0*a);
   q=sqrt(disc)/(2.0*a);
   x1=p+q;   x2=p-q;
   printf("x1=%7.2f\nx2=%7.2f\n",x1,x2);
   return 0;
}
```

程序调试过程

运行结果如下。

3.4 本章小结

顺序结构是 C 程序中常见的程序结构。本章重点介绍了数据的表现形式，数据的赋值和数据的输入输出，实现顺序结构的赋值语句，带有输出函数 printf、输入函数 scanf 的语句，通过实例介绍了赋值语句和格式输入和输出函数的格式和用法。

习 题 三

一、选择题

1. 以下选项中，正确的 C 语言整型常量是（   ）。

   A. 321_   B. 510000   C. −1.00   D. 567

2. 以下选项中，（   ）是不正确的 C 语言字符型常量。

   A. 'a '   B. ' \x4l '   C. '\101 '   D. "a "

3. 在 C 语言中，字符型数据在计算机内存中，以字符的（　　　　）形式存储。

    A. 原码　　　　　　　B. 反码　　　　　　　C. ASCII 码　　　　　　D. BCD 码

4. 字符串的结束标志是（　　　）。

    A. 0　　　　　　　　　B. '0'　　　　　　　　C. '\0'　　　　　　　　D. "0"

5. 以下运算符中，优先级最低的是（　　　）。

    A. >=　　　　　　　　B. ==　　　　　　　　C. =　　　　　　　　　D. !=

6. 以下运算符中，结合性与其他运算符不同的是（　　　）。

    A. ++　　　　　　　　B. %　　　　　　　　　C. /　　　　　　　　　D. +

7. 以下用户标识符中，合法的是（　　　）。

    A. int　　　　　　　　B. nit　　　　　　　　C. 123　　　　　　　　D. a+b

8. C 语言中，要求运算对象只能为整数的运算符是（　　　）。

    A. %　　　　　　　　　B. /　　　　　　　　　C. >　　　　　　　　　D. *

9. C 语言中，合法的八进制整数是（　　　）。

    A. 01　　　　　　　　　B. 081　　　　　　　　C. 0x81　　　　　　　　D. 018

10. 字符串 "abe\\\M01" 的长度为（　　　）。

    A. 5　　　　　　　　　B. 6　　　　　　　　　C. 7　　　　　　　　　D. 11

11. 只要求一个操作数的运算符，称为（　　　）运算符。

    A. 单目　　　　　　　B. 双目　　　　　　　C. 三目　　　　　　　D. 多目

二、填空题

1. 若有以下定义，则执行表达式 y+=y-=m+=y 后的 y 值是_____。int m=5,y=2;

2. 若 x 和 n 均是 int 型变量，且 x 的初始值为 12，n 的初始值为 5，则执行下面的表达式后 x 的值为_____。

n=x++

3. C 语言的字符常量是用_____引号括起来的_____个字符，而字符串常量是用_____引号括起来的_____序列。

4. C 语言有 3 种结构化程序设计方法，分别为_____、_____和_____。

5. 设有以下定义和语句。

char c1='b', c2='e';

printf("%d, %c", c2-c1, c2-'a'+A);

则执行上述 printf 语句的输出结果是_____。

6. 写出下面程序的执行结果。

```
#include<stdio.h>
int main()
{ int a,b,x;
  x=(a=3,b=a--);
  printf("x=%d,a=%d,b=%d",x,a,b);
  return 0;
}
```

7. 执行下述程序，若从键盘输入 12345671，则程序的输出结果是_____。

```
#include<stdio.h>
int main()
{
int  x,y;
scanf("%2d%2s%1d",&x,&y);
```

```
printf("%d\n",x+y);
}
```

8. 输出购买总价值和数量，请补充下划线缺省的内容。

```
#include<stdio.h>
int main()
{_____;
num=10;
price=15;
total=num*price;
printf("total=%d,num=%d\n,price=%d\n",_____);
return 0;
}
```

三、上机操作题

1. 输入长方形的长和宽，编程求该长方形的周长和面积。

2. 编写一个程序，将大写字母 A 转换为小写字母 a。

3. 指出下面程序的错误，并改正。

```
#include<stdio.h>
int main( )
{
int  a=2;b=3;
scanf("%d;%d",a,b,c,);
return 0;
```

4. 写出下面程序的输出结果。

```
#include<stdio.h>
int main()
{
int a=3, b=4, c=1,max,t;
if(a>b,b>c)max=a;
else max=0;
t=(a+3,b+1,++c);
printf("max=%d\n,t=%d\n",max,t);
return 0;
}
```

5. 已知圆的半径 r=2.5，圆柱高 h=1.8，求圆柱表面积和圆柱体积。（要求表面积和体积保留两位小数）

6. 要将"China"译成密码，译码规律是：用原来字母后面的第 5 个字母代替原来的字母。例如，字母"A"后面第 5 个字母是"F"，用"F"代替"A"。因此，"China"应译为"Hmnsf"。请编写程序，用赋初值的方法使 c_1、c_2、c_3、c_4、c_5 5 个变量的值分别为'C'、'h'、'i'、'n'、'a'，经过运算，使 c_1、c_2、c_3、c_4、c_5 分别变为'H'、'm'、'n'、's'、'f'并输出。

实验　顺序程序设计

【实验目的】

（1）掌握 C 语言数据类型以及变量的声明。

（2）掌握 C 语言的赋值运算符、赋值表达式、赋值语句。

（3）掌握 C 语言的整型和字符型的混合运算。

（4）掌握 C 语言的输入、输出函数的使用格式。

【实验内容】

1. 输入长方形的长和宽，编程求该长方形的周长和面积。（要求周长和面积保留两位小数）

（1）思路解析。首先声明 4 个实型变量，长方形的长为 a，长方形的宽为 b，周长为 l，面积为 s，输入 a、b，然后根据长方形的周长公式 2（$a+b$），面积公式 ab，利用 C 语言中算术运算符构成的表达式就可以计算出来，之后赋值给 l、s，最后输出 l、s 即解。

（2）流程图如图 3-8 所示。

2. 要将"China"译成密码，译码规律是：用原来字母后面的第 5 个字母代替原来的字母。例如，字母"A"后面第 5 个字母是"F"，用"F"代替"A"。因此，"China"应译为"Hmnsf"。请编写程序，用赋初值的方法使 c1、c2、c3、c4、c5 5 个变量的值分别为 'C'、'h'、'i'、'n'、'a'，经过运算，使 c1、c2、c3、c4、c5 分别变为 'H'、'm'、'n'、's'、'f' 并输出。

（1）思路解析。首先声明字符型变量 c1、c2、c3、c4、c5，然后利用赋值运算符和算术运算符 c1=c1+5，c2=c2+5，c3=c3+5，c4=c4+5，c5=c5+5 计算出原来字符的第 5 个字母，在这里字符型与整型相加，实际上是该字符的 ASCII 值（整数）与整数进行运算。经过赋值运算后，c1、c2、c3、c4、c5 的值发生改变，分别以新的字母代替了原来的字母，最后输出 c1、c2、c3、c4、c5。

（2）流程图如图 3-9 所示。

3. 有人用温度计测量出用华氏法表示的温度，现输入华氏温度 f，今要求把它转换为以摄氏法表示的温度 c。

（1）思路解析。这个问题的算法很简单，关键在于找到二者间的转换公式。根据物理学知识，知道以下转换公式：$c=5/9$（$f-32$），其中 f 代表华氏温度，c 代表摄氏温度。（注意：算术运算符"/"，当两边操作数都是整数的时候，结果一定是整数，因此公式中"5/9"在程序代码中要把其中的一个操作数变为实型，否则所有的 c 的值最终都是 0。）

（2）流程图如图 3-10 所示。

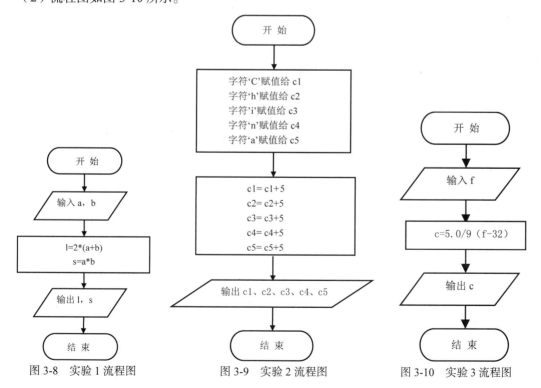

图 3-8　实验 1 流程图　　　图 3-9　实验 2 流程图　　　图 3-10　实验 3 流程图

第4章
选择结构程序设计

4.1 用 if 语句实现选择结构

4.1.1 if 语句的一般形式

C 语言中 if 语句有以下 3 种常用的形式。

1. 形式一

```
if(表达式)
    语句1
```

当程序执行到这种形式的 if 语句时，先判断表达式，如果表达式的值为真（Y），则执行语句1，然后结束 if 语句的执行。对应的流程图如图 4-1 所示。

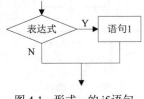

图 4-1 形式一的 if 语句

2. 形式二

```
if(表达式)
    语句1
else
    语句2
```

当程序执行到这种形式的 if 语句时，先判断表达式，如果表达式的值为真（Y），则执行语句1，然后结束 if 语句的执行；如果表达式的值为假（N），则执行语句2，然后结束 if 语句的执行。语句1 和语句2 既不会都被执行到，也不会都不被执行到，二者必然有一个语句会被执行。流程图如图 4-2 所示。

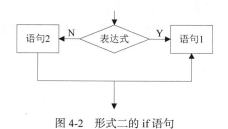

图 4-2 形式二的 if 语句

3. 形式三

```
if (表达式1) 语句1
    else if(表达式2) 语句2
    else if(表达式3) 语句3
    ⋮
    else if(表达式n) 语句n
else    语句n+1
```

当程序执行到这种形式的 if 语句时，先判断表达式 1，如果表达式 1 的值为真（Y），则执行语句 1，然后结束 if 语句的执行；如果表达式 1 的值为假（N）而表达式 2 的值为真（Y），则执行语句 2,然后结束 if 语句的执行；如果表达式 1 和表达式 2 的值都为假而表达式 3 的值为真(Y)，则执行语句 3，然后结束 if 语句的执行；…；如果表达式 1 到表达式 n−1 的值都为假（N）而表达式 n 的值为真（Y），则执行语句 n，然后结束 if 语句的执行；只有当前 n 个表达式的值都为假（N），才执行语句 n+1。流程图如图 4-3 所示。

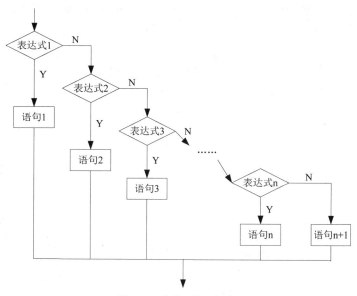

图 4-3 形式三的 if 语句

对这 3 种形式的 if 语句做以下几点说明。

（1）if 语句中的表达式可以是关系表达式、逻辑表达式或数值表达式。

（2）语句1、语句2、…、语句 n 以及语句 n+1 既可以是一个简单的 C 语句，也可以是一个包含多个 C 语句的用大括号括起来形成的复合语句。

（3）第三种形式的 if 语句虽然包含多行，但都是一个整体，属于同一个 if 语句。也可以写成下面这种形式。

```
if (表达式 1)  语句 1
else
if(表达式 2) 语句 2
else
if(表达式 3) 语句 3
  ⋮
else
if(表达式 n) 语句 n
else      语句 n+1
```

4.1.2　使用 if 语句实现选择结构

下面通过几个例题进一步说明 4.1.1 节介绍的 3 种形式 if 语句的用法。

【例 4.1】输入两个实数，按代数值由大到小的顺序输出这两个实数。

思路分析如下。

设置两个实型变量，存储输入的两个实数，如果第一个数已经比第二个数大，不用做任何处理，直接按顺序输出这两个实型变量的值即可。如果第一个数比第二个数小，需要先交换两个变量中的数值，然后再按顺序输出。显然程序中需要用到 if 语句进行条件判断。

还有一个关键问题就是如何交换两个变量的值。举个例子来说，假设有 A 和 B 两个瓶子，A 瓶里装的是红墨水，B 瓶里装的是黑墨水，如果要将两个瓶子中的墨水相互交换，必须借助于第三个空瓶子 C，先把 A 瓶里的红墨水倒进 C 瓶子中，再把 B 瓶的黑墨水倒进 A 瓶子中，最后把 C 瓶子里的红墨水倒进 B 瓶中，此时 A 瓶里装的是黑墨水，B 瓶里装的是红墨水，实现了两瓶墨水的相互交换。

同理，假设有两个变量 x 和 y，如果要交换它们的值，必须借助于第三个变量 z。先把 x 的值赋给 z，再把 y 的值赋给 x，最后把 z 的值赋给 y 即可。用程序代码表示如下。

```
z=x;
x=y;
y=z;
```

程序代码如下。
```
#include<stdio.h>
int main()
{
    float x,y,z;
    scanf("%f%f",&x,&y);
    if(x<y)//如果 x 的值比 y 的值小执行下面的复合语句
    {
    z=x;
    x=y;
    y=z;
}//此复合语句实现变量值的交换
    printf("%10.2f%10.2f\n",x,y);
    return 0;
}
```

交换算法

运行结果如下。

```
5.6 7.8
        7.80        5.60
Press any key to continue
```

说明如下。

实现两个变量值交换的 3 个赋值语句有如下规律：第一个赋值语句赋值号右边的变量与第二个赋值语句赋值号左边的变量相同，第二个赋值语句赋值号右边的变量与第三个赋值语句赋值号左边的变量相同，第三个赋值语句赋值号右边的变量又与第一个赋值语句赋值号左边的变量相同，构成了一个循环。而且第一个赋值语句赋值号左边的变量必须是第三个辅助变量。

【例 4.2】从键盘输入两个整数，输出其中较小的数。

思路分析如下。

这个程序有多种编写方法。这里使用 4.1.1 小节介绍的 if 语句的形式二编写程序。首先声明一个存储最小值的变量 min，设置判断条件为"第一个数小于第二个数"，如果条件成立，第一个数为较小的数，将它的值存储在变量 min 中；如果条件不满足，第二个数为较小的数，将它的值存储在变量 min 中。最后输出变量 min 的值即可。

"条件不满足"对于 if 语句的形式二也就是执行到 else 部分。

程序代码如下。

```c
#include<stdio.h>
int main()
{
    int a,b,min;
    scanf("%d%d",&a,&b);
    if(a<b)
        min=a;
    else
        min=b;
    printf("min=%d\n",min);
    return 0;
}
```

运行结果如下。

将程序执行两次，分两种情况输入变量 a 和 b 的值，对应的输出如下。

（1）变量 a 小于变量 b。

```
5 8
min=5
Press any key to continue
```

（2）变量 a 大于变量 b。

```
8 5
min=5
Press any key to continue
```

【例 4.3】输入一个不多于 5 位的正整数，输出该正整数是几位数。

思路分析如下。

假设输入的整数就是一个正整数，而且最多是 5 位数。由数学知识可知，1 位正整数的取值范围是 1～9，2 位正整数的取值范围是 10～99，3 位正整数的取值范围是 100～999，4 位正整数的取值范围是 1000～9999，5 位正整数的取值范围是 10000～99999。

首先从键盘输入一个不多于 5 位的正整数 x，然后使用第三种形式的 if 语句依次判断 x 所属的范围，从而确定 x 的数据位数。

程序代码如下。

```c
#include<stdio.h>
int main()
{
    int x,n;
    printf("Please enter a positive integer at most with 5 digits:");
    scanf("%d",&x);
    if(x>0&&x<10)
        n=1;
    else
        if(x<100)
            n=2;
        else
            if(x<1000)
                n=3;
            else
                if(x<10000)
                    n=4;
                else
                    if(x<100000)
                        n=5;
    printf("%d is a %d digits number!\n",x,n);
    return 0;
}
```

运行结果如下。

（1）输入的是一个 2 位正整数。

```
Please enter a positive integer at most with 5 digits:78
78 is a 2 digits number!
Press any key to continue
```

（2）输入的是一个 5 位正整数。

```
Please enter a positive integer at most with 5 digits:24561
24561 is a 5 digits number!
Press any key to continue
```

说明如下。

根据题目假设，首先判断 x 是否大于 0 而且小于 10，如果是则说明 x 是一个 1 位数；否则，说明 x 是一个大于等于 10 的正整数，在这个前提条件下再判断 x 是否小于 100，如果是则说明 x 是一个 2 位数，依此类推，通过使用第三种形式的 if 语句可以判断输入的这个不多于 5 位的正整数是几位数。

4.2 if 语句中的表达式

if 语句中的表达式可以是关系表达式、逻辑表达式或数值表达式。关系表达式和逻辑表达式的运算结果为逻辑值，逻辑值只有两个取值，即"真"或"假"。数值表达式的运算结果是一个确定的数值，当该数值为"0"时表示"假"，除了"0"以外的一切数值，无论正、负都表示"真"。因此在 if 语句中根据表达式的值选择相应的语句执行。

4.2.1 关系表达式及关系运算符

关系表达式是使用关系运算符将两个数值或数值表达式连接起来形成的式子。C 语言中可以使用的关系运算符及其含义如表 4-1 所示。

表 4-1 关系运算符

运 算 符	含 义
>	大于。该运算符左侧数值大于右侧数值时运算结果为真，否则为假
>=	大于等于。该运算符左侧数值大于或等于右侧数值时运算结果为真，否则为假
<	小于。该运算符左侧数值小于右侧数值时运算结果为真，否则为假
<=	小于等于。该运算符左侧数值小于或等于右侧数值时运算结果为真，否则为假。
==	等于。该运算符两侧数值相等时运算结果为真，否则为假
!=	不等于。该运算符两侧数值不相等时运算结果为真，否则为假

6 个关系运算符中，>、>=、<和<=的优先级相同，==和!=的优先级相同，并且前四个运算符的优先级高于后两个运算符。

4.2.2 逻辑表达式及逻辑运算符

关系表达式的运算结果是逻辑值，而数值表达式的运算结果也可以看成逻辑值，所以，简单地说逻辑表达式就是使用逻辑运算符将逻辑量连接起来形成的式子。C 语言中可以使用的逻辑运算符及其含义如表 4-2 所示。

表 4-2 逻辑运算符

运算符	含 义
&&	逻辑与。该运算符两侧的逻辑量都为真时运算结果为真，只要两个逻辑量中有一个为假运算结果为假
||	逻辑或。该运算符两侧的逻辑量只要有一个为真运算结果为真，当两个逻辑量都为假时运算结果为假
!	逻辑非。对逻辑量执行取反的操作。真取反为假，假取反为真

3 个逻辑运算符中，!的优先级最高，||的优先级最低，&&介于二者之间。

4.2.3 表达式应用举例

【例 4.4】运行下面的程序并分析程序的运行结果。
程序代码如下。

```c
#include<stdio.h>
int main()
{
    int a=2,b=-1,c=0;
    printf("%d\n",a>b);
    printf("%d\n",a==(b+3));
    printf("%d\n",c&&(a+b));
    printf("%d\n",!b);
    printf("%d\n",a<=c);
    printf("%d\n",c>=-3&&c<=3);
    return 0;
}
```

运行结果如下。

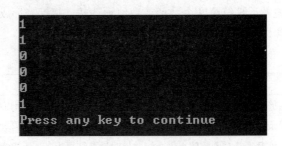

说明如下。

该程序对关系表达式和逻辑表达式进行计算并输出计算结果。程序的运行结果表明 C 语言采用整数表示逻辑值，而且"1"表示逻辑值"真"，"0"表示逻辑值"假"。下面对以下几个表达式进行分析。

（1）表达式!b。

变量 b 的值为整数，在进行逻辑非运算时，系统把它识别成逻辑量，又因为它的值不是 0（虽然为负数），所以当作真值，执行逻辑非操作后为假，因此运算结果为"0"。

（2）表达式 c>=-3&&c<=3。

这个表达式表示的数学含义为 $-3 \leqslant c \leqslant 3$，如果在 C 语言中将表达式写成 $-3<=c<=3$，将会出现语法错误，必须根据它所表达的含义使用"逻辑与"运算符把两个简单的关系表达式 c>=-3 和 c<=3 进行连接。

4.3　条件运算符和条件表达式

编写程序时使用条件运算符能够简化代码，提高编程效率。如下。

```c
if(x>y)
    max=x;
else
    max=y;
```

观察上面的程序段，当 if 条件成立或者不成立的时候都执行一个简单的 C 语句，此时可以使用条件运算符将程序段简写成如下等价形式。

```c
x>y?max=x:max=y;
```

在 C 语言中 "?:" 就是条件运算符，它是一个三目运算符，由条件运算符构成的条件表达式的一般形式如下。

表达式 1?表达式 2:表达式 3

条件表达式的后面加上分号成为条件表达式语句，条件表达式的执行过程如下，对应的流程图如图 4-4 所示。

（1）求解表达式 1，如果表达式 1 的值为真（Y），转步骤（2）执行；否则，转步骤（3）执行。

（2）求解表达式 2，表达式 2 的值为条件表达式的值；结束。

（3）求解表达式 3，表达式 3 的值为条件表达式的值；结束。

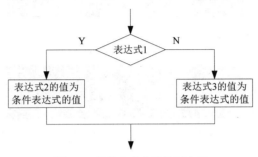

图 4-4　条件表达式的执行流程

在使用条件表达式的时候应注意以下几点。

（1）表达式 1 相当于 if 语句中的表达式，进行条件判断，它的值是一个逻辑值。

（2）条件表达式语句 "x>y?max=x:max=y;" 有这样一个特点：表达式 2 和表达式 3 部分的赋值语句向同一个变量赋值，此时还可以把语句写成如下形式。

max=x>y?x:y;

这是一个赋值语句，赋值号右侧是由条件运算符构成的条件表达式，其中表达式 2 和表达式 3 部分都是由一个普通变量构成的算术表达式。

（3）条件表达式的表达式 2 和表达式 3 部分还可以是函数调用语句。

x>y?printf("%d\n",x);printf("%d\n",y);

（4）条件表达式的结合方向是自右至左。

【例 4.5】不使用系统提供的数学函数，编写程序求一个实数的绝对值。

思路分析如下。

题目要求的是一个实数的绝对值，所以把变量定义成 float 类型。实数分为负数、零和正数。零和正数的绝对值就是该数本身，而负数的绝对值直接对负数取反即可得到。

程序代码如下。

```c
#include<stdio.h>
int main()
{
    float x,y;
    scanf("%f",&x);
    y=x<0?-x:x;
    printf("y=%.2f\n",y);
    return 0;
}
```

运行结果如下。

（1）当 x 为负数时运行结果如下。

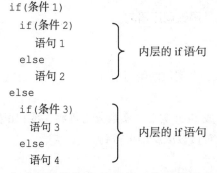

（2）当 x 为 0 时运行结果如下。

（3）当 x 为正数时运行结果如下。

说明如下。

程序中将条件运算符构成的条件表达式的值赋给变量 y，在条件表达式中，首先判断变量 x 的值，若 x 的值小于 0，取-x 为条件表达式的值赋给变量 y，否则，直接将变量 x 的值赋给变量 y。

4.4　选择结构的嵌套

当 if 语句条件为真或假的执行语句内又包含了 if 语句，就称为 if 语句的嵌套，也即选择结构的嵌套。if 语句可以多层嵌套，通常使用的时候不要超过 3 层。if 语句嵌套两层的完整结构如下。

```
if(条件1)
    if(条件2)
        语句1
    else
        语句2
else
    if(条件3)
        语句3
    else
        语句4
```

内层的 if 语句（对应 条件2 部分）

内层的 if 语句（对应 条件3 部分）

在选择结构嵌套的时候，若要分析出正确的程序功能，关键是分清嵌套结构中 if 和 else 的配对关系。原则如下：else 总是与在它之前离它最近且未配对的 if 配对。

由 4.2 节介绍的 if 语句的形式可知，在 if 语句的嵌套结构中 if 的个数总是大于等于 else 的个数，分析程序结构时要按照自上往下的原则为每一个 else 找到配对的 if。以上面的 if 语句嵌套的完整结构为例，自上往下共有 3 个 else，第一个 else 的前面有两个 if 而且都未被配对，但是条件 2 的 if 离它最近，所以第一个 else 与条件 2 的 if 配对；接下来看第二个 else，在它之前有两个 if，但是条件 2 的 if 已经配对过了，所以它只能和条件 1 的 if 配对；再往下看第三个 else，在它之前有 3 个 if，其中条件 1 的 if 和条件 2 的 if 已经配对过了，所以它只能和条件 3 的 if 配对。从而得出它所对应的流程图如图 4-5 所示。

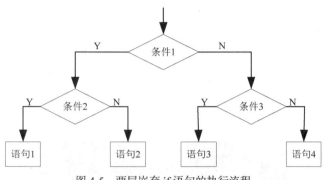

图 4-5　两层嵌套 if 语句的执行流程

程序中使用大括号能够改变 if 和 else 的配对关系。如下面的嵌套结构，大括号就限定了 else 只能与条件 1 的 if 配对。

```
if(条件1)
   { if(条件2)
        语句1
   }
else
     语句2
```

if 语句的第三种形式，也属于多层嵌套的 if 语句，只是嵌套部分都放在了 else 部分。

【例 4.6】编写程序实现如下分段函数。

$$f(x)=\begin{cases} |x|+5 & (x<-5) \\ x^2 & (-5\leqslant x \leqslant 5) \\ 6x-10 & (x>5) \end{cases}$$

思路分析如下。

参数 x 是对数轴的分段，所以应该定义成实型。又是把整个数轴分成了 3 段，有 3 种情况，因此使用一个简单的 if 语句是不行的，在此考虑使用嵌套的 if 语句编程。若要正确计算出 $f(x)$ 的值，首先要判断 x 的取值。即：如果 x 的值小于−5，使用公式|x|+5 计算 $f(x)$ 的值；否则（即 x 的值大于等于−5 时），如果 x 的值小于等于 5，使用公式 x^2 计算 $f(x)$ 的值；再否则，才使用公式 6x−10 计算 $f(x)$ 的值。

算法实现

程序代码如下。

```
#include<stdio.h>
#include<math.h>
int main()
{
    float x,y;
    scanf("%f",&x);
    if(x<=5)
```

```
    if(x<-5)
        y=fabs(x)+5;
    else
        y=x*x;
    else
        y=6*x-10;
    printf("x=%6.2f,f(x)=%6.2f\n",x,y);
    return 0;
}
```

运行结果如下。

将程序分别执行 3 次，变量 x 在这 3 个分段中各取一个值进行计算。

（1）x 在区间 $x<-5$ 内取值。

```
-7
x= -7.00,f(x)= 12.00
Press any key to continue
```

（2）x 在区间 $-5 \leqslant x \leqslant 5$ 内取值。

```
1
x=  1.00,f(x)=  1.00
Press any key to continue
```

（3）x 在区间 $x>5$ 内取值。

```
6
x=  6.00,f(x)= 26.00
Press any key to continue
```

说明如下。

（1）在 C 中计算一个数的绝对值有两个函数，分别是 abs(x) 和 fabs(x)，它们对参数 x 的要求不同，前者要求参数 x 为整型，后者要求参数 x 为实型。本程序中应该使用 fabs(x) 进行计算。又因为使用了数学函数，所以程序的开始处应该包含 math.h 头文件。

（2）要求计算的是 $f(x)$ 的值，根据 C 语言中标识符的命名规则，程序代码中变量名不能起成 $f(x)$，使用了变量 y，但是使用 printf() 函数输出数据时双引号内的字符串中可以出现 $f(x)$，这一点要格外注意。

4.5　用 switch 语句实现多分支选择结构

完整的 if...else 结构只能实现两个分支的选择，实际问题中经常遇到要针对多种情况进行不同的操作，虽然可以使用嵌套的 if 语句解决问题，但是如果程序中 if 嵌套的层数过多，将使程序变得冗长，结构不清晰，降低了可读性。

例如，人口按年龄段分类统计人数（可分为老、中、青、少、儿童）；高校教师按职称统计科研工作量（可分为教授、副教授、讲师、助教）；按专业统计某高校学生向困难灾区捐献图书的数量（可分为外语专业、数学专业、新闻专业、计算机专业等）；……

C 语言提供了 switch 语句，用来处理多分支选择结构，它的一般形式如下。

```
switch(表达式)
{
    case 常量表达式 1: 语句组 1;break;
    case 常量表达式 2: 语句组 2;break;
            ⋮
    case 常量表达式 n: 语句组 n;break;
    [default: 语句组 n+1]
}
```

当程序执行到 switch 语句时，首先计算表达式的值，然后分以下 3 种情况选择语句执行。

情况一：表达式的值和常量表达式 1 到常量表达式 n 的某一个常量值相同，就从它后面的语句组开始执行。

情况二：表达式的值和 n 个常量表达式的值都不相同，有 default 部分，则执行 default 后面的语句组 n+1。

情况三：表达式的值和 n 个常量表达式的值都不相同，没有 default 部分，此时 switch 语句不执行语句组，结束。

它所对应的流程图如图 4-6 所示。

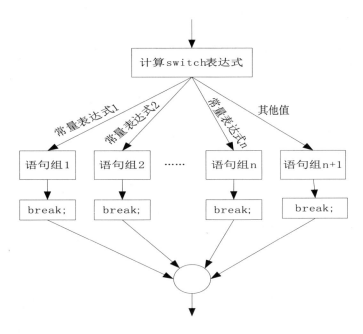

图 4-6　switch 语句的执行流程

使用 switch 语句时应注意以下几个问题。

（1）switch 之后表达式的类型只能是整型或字符型，因此常量表达式也只能是整型常量或字符型常量。

（2）每一个 case 的后面只能跟一个常量表达式，并且 case 和常量表达式之间至少空出一个空格。

（3）每一个 case 后面的常量必须互不相同，否则就会出现相互矛盾的现象（对表达式的同一个值，存在两个或多个不同的操作）。

（4）switch 语句中各个 case 出现的次序不影响程序的执行结果。

（5）若没有 break;语句，执行完了当前 case 后面的语句组时，将继续执行下一个 case 后面的语句组，因此为了使程序能够从 switch 语句中正常结束，通常每一个语句组的后面都有一个 break;语句，当执行到 break 语句时立刻从 switch 语句中跳出，转向执行 switch 语句之后的下一条语句。

（6）多个 case 常量可以共用同一个语句组。

【例 4.7】 输入 2015 年的一个月份，输出该月有多少天。

思路分析如下。

一年有 12 个月，用户的输入可以是 1～12 中的任意一个值，属于多分支选择结构，考虑使用 switch 语句编程。由常识可知，除了 2 月以外，1、3、5、7、8、10、12 这几个月有 31 天，4、6、9、11 这几个月有 30 天。2015 年的 2 月有 28 天。

程序代码如下。

```c
#include<stdio.h>
int main()
{
    int month,day;
    printf("Please enter the month:");
    scanf("%d",&month);
    switch(month)
    {
            case 2:  day=28; printf("day=%d\n",day);break;
            case 1:
            case 3:
            case 5:
            case 7:
            case 8:
            case 10:
            case 12: day=31; printf("day=%d\n",day);break;
            case 4:
            case 6:
            case 9:
            case 11: day=30; printf("day=%d\n",day);break;
            default :printf("data enter error!\n");
    }
    return 0;
}
```

运行结果如下。

（1）month 取值为 2。

```
Please enter the month:2
day=28
Press any key to continue
```

（2）month 取值为 1、3、5、7、8、10、12 中的任意一个。

```
Please enter the month:5
day=31
Press any key to continue
```

（3）month 取值为 4、6、9、11 中的任意一个。

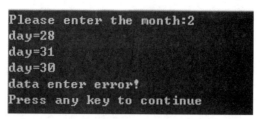

（4）month 取值为 1～12 之外的值。

说明如下。

（1）若程序中把 3 个 break;语句省去，当 month 取值为 2 时，输出结果如下。

请分析 month 的取值为 5 或 9 的时候，程序的输出会是什么？

（2）请注意程序中多个 case 共用一组语句的用法，每个 case 的后面只跟一个常量，常量后面的冒号不能省。

（3）语句 printf("day=%d\n",day);在每个 switch 语句的语句组中都出现了，虽然重复也不能提到 switch 语句的后面，原因是这个 switch 语句存在 default 部分，当 month 的值在 1～12 范围之外时，只需要输出信息 "data enter error!"，变量 day 不会被赋值，也不需要输出它的值。

4.6　选择结构程序综合实例

本节通过一些例题，介绍选择结构程序的综合应用。

【例 4.8】编写程序，判断某一年是否是闰年。

思路分析如下。

首先设置一个存储年份的变量 year，由于年份都是整数值，因此 year 的类型应该是整型，而且取值还必须是大于 0 的整数。如果 year 的值满足以下两个条件的任意一个，就说明 year 是闰年，这两个条件是：①year 的值能被 4 整除，但是不能被 100 整除，如 2012；②year 的值能被 400 整除，如 2000。

上述判断闰年的两个条件中有 3 个关键的整数 4、100 和 400。把所有的正整数看成一个集合，用 4 作因子可以把这个集合分成两个子集合，一个是能被 4 整除的正整数集，记为 A，另一个是不能被 4 整除的正整数集，记为 B，显然集合 B 中的整数代表的年份都不是闰年。集合 A 中的整数用 100 作因子，可以分成两个集合，一个是既能被 4 整除又能被 100 整除的正整数集，记为 C，另一个是能被 4 整除但是不能被 100 整除的正整数集，记为 D，显然集合 D 中的整数代表的年份是闰年。再考察集合 C，用 400 作因子，可以将集合 C 分成两个集合，一个是既能被 4 整除又能被 100 整除，同时还能被 400 整除的正整数集，记为 E，另一个是既能被 4 整除又能被 100 整除但是不能被 400 整除的整数集，记为 F，集合 E 中的整数代表的年份是闰年，而集合 F 中的整数代表的年份就不是闰年。

经过上面的处理可以判断出输入的任意一个正整数是否是闰年，这只是完成了程序设计中的数据处理，要想在程序的输出部分正确输出信息，关键问题是如何把数据处理部分的判断结果传递给程序的输出部分。解决的办法是设置一个整型变量 tap，当判断出 year 是闰年的时候给 tap 赋值为 1，year 不是闰年的时候给 tap 赋值为 0。这样以来，即可在程序的输出部分根据 tap 的值为 1 或 0，输出"是闰年"或"不是闰年"的结果。

程序代码如下。

算法实现

```
#include<stdio.h>
int main()
{
    int year,tap;
    printf("please enter a year:");
    scanf("%d",&year);
    if(year%4==0)
        if(year%100==0)
            if(year%400==0)
                tap=1;
            else
                tap=0;
        else
            tap=1;
    else
        tap=0;
    if(tap==1)
        printf("%d is a leap year!\n",year);
    else
        printf("%d is not a leap year!\n",year);
    return 0;
}
```

运行结果如下。

（1）year 的取值为闰年 2012。

```
please enter a year:2012
2012 is a leap year!
Press any key to continue
```

（2）year 的取值为非闰年 2015。

```
please enter a year:2015
2015 is not a leap year!
Press any key to continue
```

说明如下。

（1）条件 if(tap==1)也可以写成 if(tap)，原因是当 if 语句的表达式为数值表达式时，值为 0 时表示条件为假，值为非 0 时表示条件为真。当程序执行到这个语句时，变量 tap 的值只能是 0 或 1，所以两种写法是等价的。

（2）程序的数据处理部分实际上是一个三层嵌套的 if 语句，为了使结构清晰，便于理解，也可以写成下面的形式。

```
if(year%4!=0)
    tap=0;
```

```
else
   if(year%100!=0)
      tap=1;
   else
      if(year%400!=0)
         tap=0;
      else
         tap=1;
```

（3）程序的处理部分也可以用数学运算符、关系运算符和逻辑运算符写成下面的形式。

```
if((year%4==0&&year%100!=0)||(year%400==0))
   tap=1;
else
   tap=0;
```

【例 4.9】编写程序求方程 $ax^2+bx+c=0$ 的根。

思路分析如下。

方程的 3 个系数由用户从键盘输入，根据所输入的 a、b、c 的值和数学知识可知，方程根的求解分以下几种情况。

（1）系数 a 为零，此时二次方程转化为一次方程，考虑以下 3 种子情况。

① 若 b 不为零，根据 x 的计算公式为：$x = -\dfrac{c}{b}$。

② 若 b 为零且 c 为零，方程有无穷多个根。

③ 若 b 为零且 c 不为零，则输出"系数输入错误"的信息。

（2）系数 a 不为零，二次方程求解分以下 3 种子情况。

① $b^2-4ac=0$，方程有两个相等的实根：$x_1 = x_2 = -\dfrac{b}{2a}$。

② $b^2-4ac>0$，方程有两个不相等的实根：$x_1 = \dfrac{-b+\sqrt{b^2-4ac}}{2a}, x_2 = \dfrac{-b-\sqrt{b^2-4ac}}{2a}$；

③ $b^2-4ac<0$，方程有两个共轭复根：$x_1 = -\dfrac{b}{2a} + \dfrac{\sqrt{-(b^2-4ac)}}{2a}\mathrm{i}, x_2 = -\dfrac{b}{2a} - \dfrac{\sqrt{-(b^2-4ac)}}{2a}\mathrm{i}$。

程序代码如下。

```c
#include<stdio.h>
#include<math.h>
int main()
{
   float a,b,c,x,x1,x2,disc,realpart,imagpart;
   printf("Please enter the three coefficient:");
   scanf("%f%f%f",&a,&b,&c);
   if(fabs(a)<=1e-6)
   {
      if(fabs(b)<=1e-6)
         if(fabs(c)<=1e-6)
            printf("The equation has infinite solutions!\n");
         else
         {
            printf("Enter the wrong coefficient,");
            printf("the equation hasn't any solutions!\n");
         }
```

```
        else
        {
            x=-c/b;
            printf("The equation has one root:%7.2f\n",x);
        }
    }
    else
    {
        disc=b*b-4*a*c;
        if(fabs(disc)<=1e-6)
            printf("The equation has two equal roots:%7.2f\n",-b/(2*a));
        else
            if(disc>1e-6)
            {
                x1=(-b+sqrt(disc))/(2*a);
                x2=(-b-sqrt(disc))/(2*a);
                printf("The equation has distinct real roots:");
                printf("%7.2fand%7.2f\n",x1,x2);
            }
            else
            {
                realpart=-b/(2*a);
                imagpart=sqrt(-disc)/(2*a);
                printf("The equation has complex roots:\n");
                printf("%7.2f+%7.2fi\n",realpart,imagpart);
                printf("%7.2f-%7.2fi\n",realpart,imagpart);
            }
    }
    return 0;
}
```

运行结果如下。

（1）输入 a 为零，但 b 不为零。

```
Please enter the three coefficient:0 2 3
The equation has one root:  -1.50
Press any key to continue
```

（2）输入 a 为零，b 为零，且 c 为零。

```
Please enter the three coefficient:0 0 0
The equation has infinite solutions!
Press any key to continue
```

（3）输入 a 为零，b 为零，但 c 不为零。

```
Please enter the three coefficient:0 0 5
Enter the wrong coefficient,the equation hasn't any solutions!
Press any key to continue
```

（4）输入 a 不为零，且 $b^2-4ac=0$。

```
Please enter the three coefficient:1 2 1
The equation has two equal roots:  -1.00
Press any key to continue
```

（5）输入 a 不为零，且 $b^2-4ac>0$。

```
Please enter the three coefficient:3 6 2
The equation has distinct real roots:  -0.42and  -1.58
Press any key to continue
```

（6）输入 a 不为零，且 $b^2-4ac<0$。

```
Please enter the three coefficient:5 2 3
The equation has complex roots:
   -0.20+    0.75i
   -0.20-    0.75i
Press any key to continue
```

说明如下。

这个问题的解决需要考虑的情况比较多，首先要明确解决问题的方法，然后在编写程序的时候一定要弄清楚 if 语句的嵌套关系。

【例 4.10】编写程序，根据输入的学生成绩输出相应的等级。90 分以上（包括 90 分）为 A 等，80～89 分为 B 等，70～79 分为 C 等，60～69 分为 D 等，60 分以下为 E 等。

思路分析如下。

学生成绩共分为 5 个等级，处理这个问题既可以使用形式三的 if 语句，也可以使用 switch 语句，在此使用 switch 语句编程。

假设学生的考试成绩为整数，所以设置一个 int 类型的变量 score 存储学生的成绩。考试成绩的等级为字符，所以设置一个 char 类型的变量 grade 存储相应的等级。紧跟 switch 的表达式要求只能是字符型或整型数据，根据题目要求，90 分以上都应该是 A 等，包括的数据从 90～100，有 11 种情况；80～89 分的是 B 等，有 10 种情况；依此类推，如果直接把学生的考试分数作为 switch 的表达式，将写出 100 个 case 分支，程序结构变得太长，不可取。

可以这样考虑，90 分以上的成绩，除以 10 取整，得到的结果是 9 或 10；80～89 分的成绩，除以 10 取整，得到的结果是 8；70～79 分的成绩，除以 10 取整，得到的结果是 7；依此类推，总共只剩下 10 种情况了，所以把考试成绩除以 10 以后的结果作为 switch 的表达式是比较可取的。

程序代码如下。

```c
#include<stdio.h>
int main()
{
   int score,s;
   char grade;
   printf("Please enter a score:");
   scanf("%d",&score);
   s=score/10;
   switch(s)
   {
      case 10: case 9: grade='A'; break;
      case 8: grade='B'; break;
      case 7: grade='C'; break;
      case 6: grade='D'; break;
      case 5: case 4:
      case 3: case 2:
```

```
        case 1: case 0: grade='E'; break;
    }
    printf("score=%d,grade=%c\n",score,grade);
    return 0;
}
```

运行结果如下。

程序执行 3 次，分别在不同的区间取值输入学生成绩。

（1）成绩在 90 分以上。

```
Please enter a score:95
score=95,grade=A
Press any key to continue
```

（2）成绩在 70~80 之间。

```
Please enter a score:73
score=73,grade=C
Press any key to continue
```

（3）成绩小于 60 分。

```
Please enter a score:46
score=46,grade=E
Press any key to continue
```

说明如下。

这个程序如果换成使用第三种形式的 if 语句编程，就不需要再进行除以 10 的运算处理了，对应的程序如下。

```
#include<stdio.h>
int main()
{
    int score,s;
    char grade;
    printf("Please enter a score:");
    scanf("%d",&score);
    if(score>=90)
        grade='A';
    else
        if(score>=80)
            grade='B';
        else
            if(score>=70)
                grade='C';
            else
                if(score>=60)
                    grade='D';
                else
                    grade='E';
    printf("score=%d,grade=%c\n",score,grade);
    return 0;
}
```

4.7　本　章　小　结

本章围绕 C 语言中实现选择结构的编程方法进行讲解。主要内容包括：if 语句的三种常用形式、关系表达式和关系运算符、逻辑表达式和逻辑运算符、条件运算符和条件表达式、多层嵌套的 if 语句和 switch 语句。文中介绍的例题都是比较经典的，每一个例题针对一个知识点，例题的讲解包括思路分析、程序代码和运行结果，必要时再加上说明，使读者在掌握了选择结构编程的同时了解一些常用算法的编程方法。最后综合运用本章的知识点介绍了几个例题，旨在培养读者综合运用知识的能力。

习　题　四

一、选择题

1. 能正确表示逻辑关系 "a>=5 或 a<=0" 的 C 语言表达式是（　　）。
   - A. a>=5 or a<=0
   - B. a>=0 || a<=5
   - C. a>=5 && a<=0
   - D. a>=5 || a<=0

2. 以下能正确表示 x 在-5 到 5（含-5 和 5）内，值为 "真" 的表达式是（　　）。
   - A. (x>=-5)&&(x<=5)
   - B. !(x>=-5||x<=5)
   - C. x<5 && x>-5
   - D. (x<-5)||(x<5)

3. 当 a=4，b=5，c=7，d=6 时，执行下面一段程序，执行后，x 的值为（　　）。
```
if(a<b)
  if(c<d) x=1;
  else
   if(a<c)
        if(b<c) x=2;
        else x=3;
     else x=4;
else x=5;
```
   - A. 1
   - B. 2
   - C. 3
   - D. 4

4. 当下面 4 个表达式用作 if 语句的控制表达式时，有一个选项与其他 3 个选项含义不同，这个选项是（　　）。
   - A. k%2
   - B. k%2==1
   - C. (k%2)!=0
   - D. !k%2==1

5. 下列叙述中正确的是（　　）。
   - A. break 只能用于 switch 语句
   - B. switch 语句中必须使用 default
   - C. break 必须与 switch 语句中的 case 配对使用
   - D. 在 switch 中，不一定使用 break

6. 在嵌套使用 if 语句时，C 语言规定 else 总是（　　）。
   - A. 和之前与其具有相同缩进位置的 if 配对
   - B. 和之前与其最近的 if 配对
   - C. 和之前与其最近的且不带 else 的 if 配对
   - D. 和之前的第一个 if 配对

7. 判断 char 型变量 ch 是否为大写字母的正确表达式是（　　）。
   - A. 'A'<=ch<='Z'
   - B. (ch>='A')&(ch<='Z')
   - C. (ch>='A')&&(ch<='Z')
   - D. ('A'<=ch)AND('Z'>=ch)

二、填空题

1. C语言编译系统在给出逻辑运算结果时，以数值_____代表"真"，以_____代表"假"；但在判断一个量是否为"真"时，以_____代表"假"，以_____代表"真"。

2. 表达式：(6>5>4) +(float)(3/2) 的值是_____。

3. 若有 int x,y,z；且 x=3， y=–4， z=5，则表达式:!(x>y)+(y!=z)||(x+y)&&(y–z) 的值为_____。

4. 判断整型变量 a 是十位数字的表达式为_____。

5. 以下程序的运行结果是_____。

```c
main()
  {
            int a1,a2,b1,b2;
            int i=5,j=7,k=0;
            a1=!k;
            a2=i!=j;
            printf("a1=%d\ta2=%d\n",a1,a2);
            b1=k&&j;
            b2=k||j;
            printf("b1=%d\tb2=%d\n",b1,b2);
  }
```

6. 若下面程序运行时输入：16<回车>，则程序的运行结果是_____。

```c
#include <stdio.h>
void main(void)
{
        int year;
        printf("Input you year: ");
        scanf("%d",&year);
        if(year>=18)
            printf("you $4.5yuan/xiaoshi");
        else
            printf("you $3.0yuan/xiaoshi");
}
```

三、判断题

1. 算术运算符优先级高于关系运算符。　　　　　　　　　　　　　　　（　　）
2. 逻辑非是逻辑运算符中优先级最高的。　　　　　　　　　　　　　　（　　）
3. else 子句不能作为语句单独使用，必须与 if 配对使用。　　　　　　　（　　）
4. if 语句无论写在几行上，都是一个整体，属于同一个语句。　　　　　（　　）
5. switch 语句是多分支选择语句。　　　　　　　　　　　　　　　　　（　　）

四、编程题

1. 输入一个百分制成绩，若大于等于 60，则输出"恭喜！您的成绩通过了"，若小于 60，则输出"抱歉！您的成绩未通过！"

2. 输入 3 个整数 x、y、z，输出其中最小值。

3. 输入三角形的 3 条边 a、b、c，判断它们能否构成三角形。若能构成三角形，求出三角形面积。（ s=(a+b+c)/2，三角形面积 area=sqrt(s(s-a)(s-b)(s-c)) ）

4. 试编程判断输入的正整数是否既是 5 又是 7 的整倍数。若是，则输出 yes，否则输出 no。

5. 输入一个字符，请判断是字母、数字还是特殊字符。

6. 编程实现以下功能：读入两个运算数（ data1 和 data2）及一个运算符（ op），计算表达式

data1 op data2 的值，其中 op 可为+，−，*，/（用 switch 语句实现）。

7. 有 4 个数 a、b、c、d，要求按从大到小的顺序输出。

8. 编写程序，输入任意一个 1～7 之间的整数，将他们转换成对应的表示星期几的英文单词。例如：1 转换成 Monday，7 转换成 Sunday。

实验　选择结构程序设计

【实验目的】

（1）了解选择结构及逻辑量的用法。

（2）掌握关系运算符和逻辑运算符的使用。

（3）掌握 if 语句和 switch 语句的使用。

（4）掌握多重条件下的 if 语句嵌套使用。

（5）学会调试程序。

【实验内容】

1. 输入 3 个整数 x、y、z，输出其中最小值。

（1）思路解析。输入 3 个整数，分别存放于 x、y、z 中，先比较 x 和 y，小的放在 x 中，再比较 x 和 z，小的仍放在 x 中，输出最小值 x 结果。

（2）流程图如图 4-7 所示。

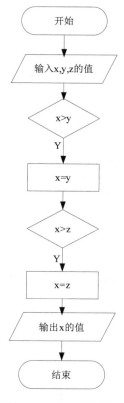

图 4-7　实验 1 流程图

2. 输入三角形的三条边 a、b、c，判断它们能否构成三角形。若能构成三角形，求出三角形面积，若不能，输出信息。（三角形面积 area=sqrt(s(s−a)(s−b)(s−c))，其中 s=(a+b+c)/2）

（1）思路解析。输入三角形三条边 a、b、c 的值，判断任意两边的和是否都大于第三边，若是，则求出 s=(a+b+c)/2，计算三角形面积 area=sqrt(s(s−a)(s−b)(s−c))，若不是，则输出"三边构不成三角形"的信息。

（2）流程图如图 4-8 所示。

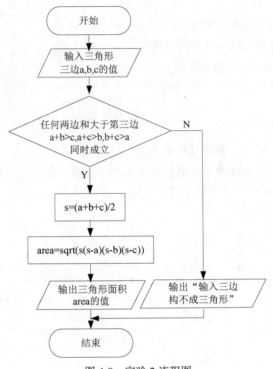

图 4-8　实验 2 流程图

3. 输入一个字符，请判断是字母、数字还是特殊字符。

（1）思路解析。输入一个字符 c，判断 c 是否在'a' ～'z'或'A' ～'Z'之间，若是，输出"该字符是字母"，若不是，判断 c 是否在'0' ～'9'之间，若是，输出"该字符是数字字符"，否则输出"该字符是特殊字符"。

（2）流程图如图 4-9 所示。

4. 编程实现以下功能：读入两个运算数（data1 和 data2）及一个运算符（op），计算表达式 data1 op data2 的值，其中 op 可为+, −, *, /（用 switch 语句实现）。

（1）思路解析。输入两个运算数及运算符 data1，data2，op，用 switch 判断 op 运算符，分别进行相应的运算，输出结果 s。

（2）流程图如图 4-10 所示。

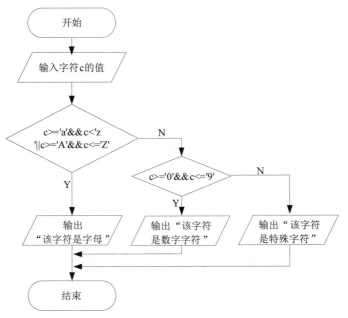

图 4-9　实验 3 流程图

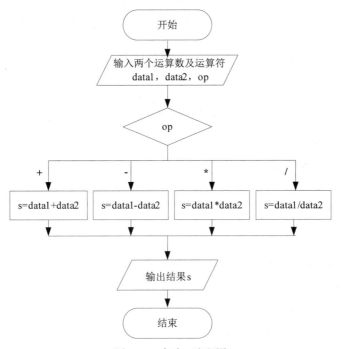

图 4-10　实验 4 流程图

第5章
循环结构程序设计

5.1 用 while 语句实现循环

在实际问题中，常常需要进行大量的重复处理。当满足一定条件时，计算机要重复执行某个模块，能够重复执行一组指令，是计算机的一个基本特点，这种特点被称为循环。循环就是对某块代码多次重复执行。如果没有循环，某些程序可能需要数千条甚至数万条指令来完成，而使用循环就可以相当简明地编写这类程序。循环结构是结构化程序设计的 3 种基本结构之一，大多数的应用程序都会包含循环结构。循环结构、顺序结构和选择结构共同作为各种复杂程序的基本构造单元。

一个完整的循环结构一般包括以下几部分。

- 循环变量赋初值，既循环变量初始化。
- 设置循环条件：只要循环条件为真就执行循环体。
- 循环体：重复执行的语句。
- 改变循环变量的值。

在 C 语言中，实现循环结构的控制语句有 while、do…while 和 for 语句。

while 语句为当型循环语句，是一种先判断条件后执行的循环语句。

while 语句的一般形式：

```
while(表达式)
    语句;
```

它的执行过程为：计算表达式的值，若为真，则执行语句，语句执行完后再判断表达式的值，如此反复直到表达式的值为假为止，此时循环结束，往下执行 while 语句下面的语句。图 5-1 所示为 while 语句的流程图。其中的表达式就是循环条件，执行循环体的次数是由循环条件控制的，语句就是循环体，也就是重复执行的语句，可以是一条语句，也可以是若干语句即复合语句，循环体若包含多条语句，应使用大括号括起来。while 语句的特点是先判断条件表达式，后执行循环体语句，循环体内应注意设置修改循环条件的语句，否则循环无法终止。

【例 5.1】求 1+2+…+100 的结果。

思路分析：

这是求累加和的问题，要重复进行加法运算，很明显是循环结构，可以用 while 语句实现。重复执行循环体 100 次，每次加一个数。累加和的每一项是有规律的，后一项是前一项加 1，只需在加完上一个数 i 后，使 i 加 1 就可以得到下一个数。流程图如图 5-2 所示。

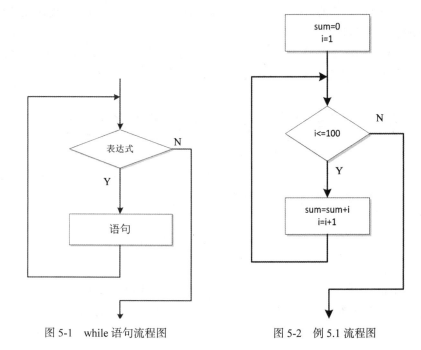

图 5-1　while 语句流程图　　　　图 5-2　例 5.1 流程图

程序代码：
```
#include "stdio.h"
int main()
{
int sum=0,i=1; //变量初始化
while(i<=100)   //循环条件
{    sum=sum+i;//累加求和
     i++;//自身加 1
}
printf("sum=%d\n",sum);//输出累加和的结果
return 0;
}
```
运行结果：

```
sum=5050
Press any key to continue
```

说明：

变量 i 是循环控制变量，初始值为 1，变量 sum 的值为累加和，应初始化为 0，初学者往往会忽略这一点。

循环要有结束的时候，既在循环体中应包含使循环趋于结束的语句，也就是有改变循环条件表达式值的语句，否则会造成无限循环，即死循环。本例中循环结束的条件是"i>100"，因此在循环体中应该有让 i 增值以最终导致"i>100"的语句，这里用"i++;"语句来实现，如果没有此语句，则 i 的值始终为 1，"i<=100"始终为真，循环永远不结束，成为死循环。

循环体若包含多条语句，应用大括号括起来，作为复合语句出现；如果不加大括号，则 while

语句的范围只到 while 语句后面第一个分号处。本例中 while 语句中若无大括号，则 while 语句的范围只到 "sum=sum+i;"，i 的值始终为 1，i<=100 始终为真，成为死循环。建议无论循环体内有几条语句，都使用大括号括起来。

while(表达式)后面不要加分号，除非循环体为空语句。如果不小心加上分号，系统不会出现编译错误，程序不停地执行空操作，无法执行后面的程序。

5.2　用 do…while 语句实现循环

除了 while 语句外，C 语言还提供了 do…while 语句来实现循环结构。do…while 语句用来实现直到型循环，是一种先执行后判断条件的循环语句。

do…while 语句的一般形式：
```
do
语句
while(表达式);
```
do…while 语句的流程图如图 5-3 所示。其执行过程为：先执行一次循环体中的语句，然后计算表达式的值，若表达式的值为真（即非 0），则再次执行循环体，直到表达式的值为假时退出循环，执行后面的语句。

【例 5.2】计算 10!的结果。

思路分析：

$10! = 1 \times 2 \times 3 \times \cdots \times 10$，这是累乘求积问题，重复执行乘运算，用 n 表示结果，n 的初值为 1，变量 i 从 1 增到 10，每一次使 n=n×i，用循环结构实现。流程图如图 5-4 所示。

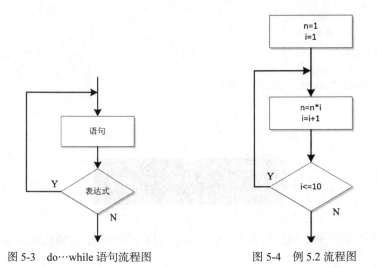

图 5-3　do…while 语句流程图　　　　图 5-4　例 5.2 流程图

程序代码：
```
#include "stdio.h"
int main()
{int n=1,i=1;//变量初始化
do
{
```

```
n=n*i;                  //累乘求积
i++;                    //i 自增
}while(i<=10);          //循环条件
printf("n=%d\n",n);
return 0;
}
```

运行结果：

```
n=3628800
Press any key to continue
```

说明：

对于同一个问题，可以用 while 语句实现，也可以用 do…while 语句实现。二者的区别在于 while 语句先判断循环条件再执行循环体，若表达式第一次的值为假，则循环体一次也不执行。而 do…while 语句则先执行一次循环体，再判断循环条件是否为真，即循环体至少执行一次。一般情况下，while 语句和 do…while 语句处理同一问题时，结果是一样的，但如果 while 语句的循环条件一开始就为假，则两种循环的结果是不同的。

【例 5.3】while 语句和 do…while 语句循环的比较。

（1）用 while 循环的程序代码：

```
#include "stdio.h"
int main()
{int i,sum=0;
printf("请输入 i 的值,i=");
scanf("%d",&i);
while(i<=100)
{
    sum=sum+i;
    i++;

}
printf("sum=%d\n",sum);
return 0;
}
```

运行结果：

```
请输入i的值,i=5
sum=5040
Press any key to continue
```

再运行一次的结果：

```
请输入i的值,i=101
sum=0
Press any key to continue
```

（2）用 do…while 循环的程序代码：

```
#include "stdio.h"
int main()
{int i,sum=0;
printf("请输入 i 的值,i=");
scanf("%d",&i);
do
{
    sum=sum+i;
    i++;

}while(i<=100);
printf("sum=%d\n",sum);
return 0;
}
```

运行结果：

```
请输入i的值.i=5
sum=5040
Press any key to continue
```

再运行一次的结果：

```
请输入i的值.i=101
sum=101
Press any key to continue
```

说明：

可以看到，当 i 的值小于或等于 100 时，二者得到的结果相同；而当 i 大于 100 时，二者结果就不相同了。这是因为此时对 while 循环来说，循环条件为假，一次也不执行循环体；而对 do…while 循环来说，循环体至少要执行一次。可以得到结论：当 while 循环和 do…while 循环具有相同的循环条件和循环体时，while 循环的循环条件表达式的第一次值为真时，两种循环得到的结果相同，否则两者结果不相同。

5.3 用 for 语句实现循环

除了可以用 while 语句和 do…while 语句实现循环外，C 语言还提供 for 语句实现循环。在 3 种循环语句中，for 语句使用最为灵活，使用频率最高，其一般形式如下。

for(表达式 1;表达式 2;表达式 3)
    语句;

for 语句中各个表达式的作用如下。

表达式 1：一般是赋值表达式，用来给循环变量赋初值，只执行一次。也可以在 for 语句外给循环变量赋初值，此时可以省略该表达式。

　　表达式 2：通常是循环条件，一般为关系表达式或逻辑表达式。用来判定是否继续循环，在每次执行循环体前先判断此表达式，决定是否继续执行循环。

　　表达式 3：一般为赋值表达式，用来给循环变量增值或减值。

　　这样，for 语句可以理解为如下形式。

```
for(循环变量赋初值;循环条件;循环变量增值)
```

　　例如，求 1+2+…+100 用 for 语句实现如下。

```
for(i=1;i<=100;i++)
sum=sum+i;
```

　　其中的 "i=1;" 是给循环变量 i 设置初值为 1，"i<=100" 是循环条件，当循环变量 i 的值小于或等于 100 时，循环继续执行。"i++;" 的作用是使循环变量 i 的值不断变化，以便最终满足循环结束的条件。

　　for 语句的流程图如图 5-5 所示，其执行过程如下。

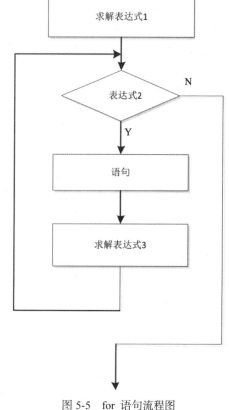

　　（1）计算表达式 1 的值。

　　（2）计算表达式 2 的值，若表达式 2 的值为真，则执行循环体，然后执行第（3）步。若表达式 2 的值为假，则结束循环，执行 for 语句后面的语句。

　　（3）计算表达式 3 的值。

　　（4）执行第（2）步。

　　说明：

　　（1）for 语句的一般形式：

```
for(表达式1;表达式2;表达式3)
    语句;
```

　　可以改写为 while 语句的形式：

```
表达式1;
while(表达式2)
{
语句;
表达式3;
}
```

图 5-5　for 语句流程图

　　二者等价，显然用 for 语句简单方便。

　　（2）for 语句 3 个表达式之间用分号隔开，其中任何一个表达式都可以省略不写，但分号不能省略不写。当在 for 语句前为循环变量赋初值时，表达式 1 可以省略；当表达式 2 省略时，表示循环条件始终为真，循环将无休止地执行，因此 for 语句的循环体内必须用 if 和 break 控制循环结束，一般情况，表达式 2 很少省略；当在循环体中改变循环变量的值时，表达式 3 可以省略。当需要为多个表达式赋初值时，表达式 1 可以用逗号表达式执行为多个变量赋初值的操作。当需要使多个变量的值发生变化时，表达式 3 也可使用逗号表达式。

　　（3）一般情况下，3 种循环可以互相代替。在 while 和 do…while 循环中，循环体应包含使循环趋于结束的语句。用 while 和 do…while 循环时，循环变量初始化的操作应在 while 和 do…while 语句之前完成，而 for 语句可以在表达式 1 中实现循环变量的初始化。

5.4　循环的嵌套

一个循环体内又包含另一个循环结构，称为循环的嵌套。内嵌的循环中还可以嵌套循环，称为多层循环。3 种循环语句可以互相嵌套。

使用嵌套循环应注意以下几点。

（1）外层循环和内层循环之间是包含关系，内层循环必须被完全包含在外层循环中，即嵌套循环不能交叉。

（2）程序每执行一次外层循环，内层循环结束后，才进入外层循环的下一次循环。

（3）循环执行次数等于内层循环次数乘以外层循环次数。

【例 5.4】输出以下九九乘法表。

$1 \times 1=1$

$1 \times 2=2$　$2 \times 2=4$

$1 \times 3=3$　$2 \times 3=6$　$3 \times 3=9$

$1 \times 4=4$　$2 \times 4=8$　$3 \times 4=12$　$4 \times 4=16$

$1 \times 5=5$　$2 \times 5=10$　$3 \times 5=15$　$4 \times 5=20$　$5 \times 5=25$

$1 \times 6=6$　$2 \times 6=12$　$3 \times 6=18$　$4 \times 6=24$　$5 \times 6=30$　$6 \times 6=36$

$1 \times 7=7$　$2 \times 7=14$　$3 \times 7=21$　$4 \times 7=28$　$5 \times 7=35$　$6 \times 7=42$　$7 \times 7=49$

$1 \times 8=8$　$2 \times 8=16$　$3 \times 8=24$　$4 \times 8=32$　$5 \times 8=40$　$6 \times 8=48$　$7 \times 8=56$　$8 \times 8=64$

$1 \times 9=9$　$2 \times 9=18$　$3 \times 9=27$　$4 \times 9=36$　$5 \times 9=45$　$6 \times 9=54$　$7 \times 9=63$　$8 \times 9=72$　$9 \times 9=81$

思路分析：

乘法表显示的是 1 到 9 两个数的乘积，用变量 i 表示被乘数，变量 j 表示乘数，外层循环控制行数，内层循环控制列数，行数从 1 到 9，第 1 行输出 1 列，第 2 行输出 2 列，……，第 9 行输出 9 列，列数从 1 到 i，每一行输出后要输出换行换到下一行。流程图如图 5-6 所示。

程序代码：

```
#include "stdio.h"
int main()
{
int i,j;
for(i=1;i<=9;i++)              //外层循环控制行
{
for(j=1;j<=i;j++)             //内层循环控制列
printf("%d*%d=%-3d",j,i,i*j);//先输出列，再输出行
printf("\n");               //每一行后换行
}
return 0;
}
```

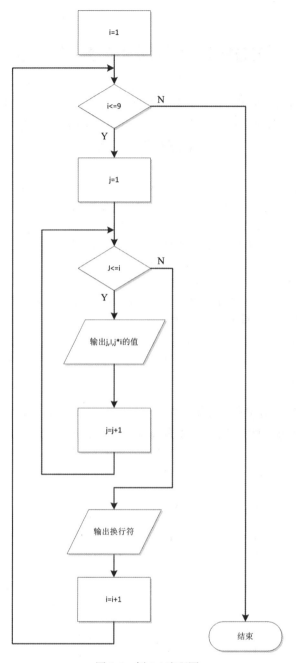

图 5-6　例 5.4 流程图

运行结果:

```
1*1=1
1*2=2    2*2=4
1*3=3    2*3=6    3*3=9
1*4=4    2*4=8    3*4=12 4*4=16
1*5=5    2*5=10   3*5=15 4*5=20 5*5=25
1*6=6    2*6=12   3*6=18 4*6=24 5*6=30 6*6=36
1*7=7    2*7=14   3*7=21 4*7=28 5*7=35 6*7=42 7*7=49
1*8=8    2*8=16   3*8=24 4*8=32 5*8=40 6*8=48 7*8=56 8*8=64
1*9=9    2*9=18   3*9=27 4*9=36 5*9=45 6*9=54 7*9=63 8*9=72 9*9=81
Press any key to continue
```

5.5 break 语句和 continue 语句

前面介绍了 C 语言的 3 种循环语句，都是根据事先制定的循环条件正常执行和终止的循环，它们终止循环的方式是以循环条件的结果作为判断条件，当循环条件值为假时结束循环，这属于正常退出。但是在程序设计中，有时希望能够提早结束正在执行的循环，这是一种非正常的循环退出。

本书第 4 章介绍过用 break 语句可以跳出 switch 结构，break 语句还可以用来跳出循环体，当执行循环体遇到 break 语句时，循环立即终止，即强行结束循环，接着执行循环下面的语句。

 break 语句只能用于循环语句和 switch 语句，不能单独使用。在嵌套循环中，break 语句只对包含它们的最内层循环起作用。

continue 语句用于结束本次循环，当循环体遇到 continue 语句时，程序跳过 continue 语句后面的语句，开始下一次循环，即只结束本次循环。

 continue 语句只能用于循环结构。在嵌套循环中，continue 语句只对包含它们的最内层循环起作用。

break 语句和 continue 语句常与 if 语句配合，满足一定条件时强行结束循环或结束本次循环。如果有以下两种循环结构，两种结构的流程图如图 5-7 所示。

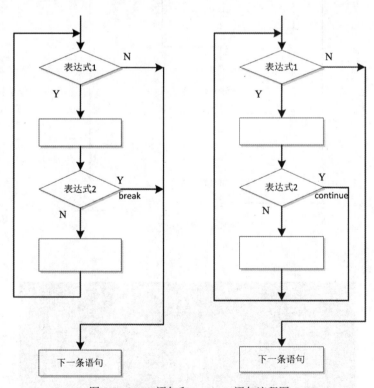

图 5-7 break 语句和 continue 语句流程图

（1）　　while(表达式 1)　　　　（2）while(表达式 1)
　　　　　　{　　　　　　　　　　　　　{
　　　　　　　…　　　　　　　　　　　　…
　　　　　if (表达式 2)　　　　　　if (表达式 2)
　　　　　　break;　　　　　　　　　continue;
　　　　　　　…　　　　　　　　　　　　…
　　　　　　}　　　　　　　　　　　　　}

5.6　循环程序综合实例

【例 5.5】求 s=1!+2!+…+10!的结果。

思路分析：

本题是求累加和，重复执行加运算，是循环结构，s 等于 s 加上每一项，只要观察累加项的规律，把累加项求出来即可。

方法一：累加项第 2 项等于第一项乘以 2，第 3 项等于第 2 项乘以 3，……，第 10 项等于第 9 项乘以 10，用 t 表示累加项，用 i 表示项数，t 等于前一项 t 乘以 i，即 t=t×i。流程图如图 5-8 所示。

程序代码：

```
#include "stdio.h"
int main()
{
int t=1,sum=0,i;
for(i=1;i<=10;i++)
{
    t=t*i;                 //求 t
    sum=sum+t;             //求和
}
printf("sum=%d\n",sum);
return 0;
}
```

方法二：累加项第 1 项是 1!，第 2 项是 2!，……，第 10 项是 10!，用 t 表示累加项，用 i 表示项数，即 t= i!;。流程图如图 5-9 所示。

程序代码：

```
#include "stdio.h"
int main()
{
int t,sum,i,j;
sum=0;
for(i=1;i<=10;i++)            //外层循环控制累加的项数
{
   t=1;
   for(j=1;j<=i;j++)          //内层循环求阶层
      t=t*j;
   sum=sum+t;
}
printf("sum=%d\n",sum);
return 0;
}
```

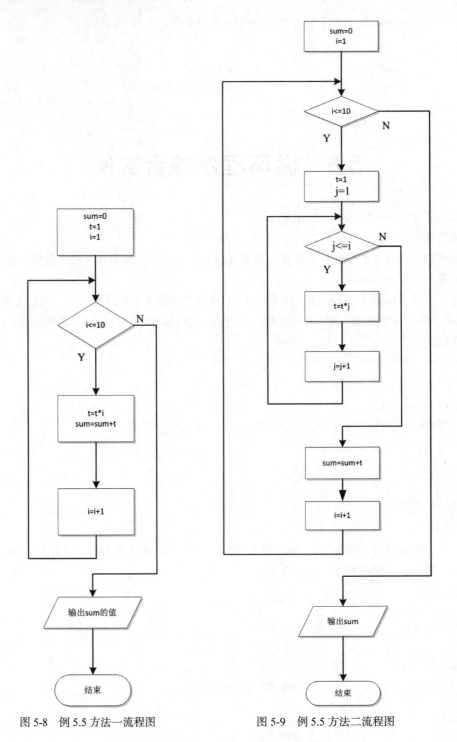

图 5-8　例 5.5 方法一流程图　　　　　图 5-9　例 5.5 方法二流程图

运行结果：

```
sum=4037913
Press any key to continue
```

【例 5.6】用 $\frac{\pi}{4} \approx 1 - \frac{1}{3} + \frac{1}{5} - \frac{1}{7} + \ldots$ 计算 π 的近似值，直到发现某一项的绝对值小于 10^{-6} 为止（该项不累加）。

思路分析：

本题是求累加和，减可以看成加上负的，求累加和关键是找出累加项的规律，仔细观察累加项，发现规律如下。

● 分子第一项为 1，第二项为 -1，每一项的符号与前一项的符号相反。

● 后一项的分母是前一项的分母加 2。

用 n 表示分母，i 表示分子，t 表示累加项，累加项前一项的值为 $\frac{i}{n}$，下一项 n=n+2，i=-i，$t=\frac{i}{n}$，找出规律后，就可以用循环处理了，题目虽然没有明确告诉我们循环多少次，但告诉我们发现某一项的绝对值小于 10^{-6} 为止，在求出每一项后，判断它的绝对值是否大于或等于 10^{-6}，如果是要继续求下一项，直到某一项的绝对值小于 10^{-6}，因此循环条件是 t 的绝对值大于或等于 10^{-6}。流程图如图 5-10 所示。

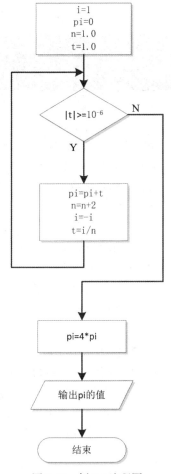

图 5-10　例 5.6 流程图

程序代码：

```
#include "stdio.h"
#include  "math.h"                //用到 fabs 函数，应包含 math.h 头文件
int main()
{
int i=1;
double pi=0,n=1.0,t=1.0;
while(fabs(t)>=1e-6)             //循环条件
 {
 pi=pi+t;                        //累加
 n=n+2;                          //下一项的分母
 i=-i;                           //下一项的分子
 t=i/n;                          //下一项
 }
 pi=pi*4;
 printf("pi=%f\n",pi);
 return 0;
}
```

运行结果：

```
pi=3.141594
Press any key to continue
```

说明：

fabs 是求绝对值的函数，在 C 库函数中，有两个求绝对值的函数，一个是 abs(x)，求整数 x 的绝对值，结果是整型。另一个是 fabs(x)，x 是双精度数，得到的结果是双精度型，t 是双精度型，因此不能用 abs 函数，应当用 fabs 函数。在调用数学函数时，要在本文件开头加一条#include 指令，把头文件"math.h"包含到程序中来。

思考以下问题。

（1）想提高精确度，要求计算到当前项的绝对值小于 10^{-8} 为止，怎样修改程序？

（2）统计循环执行多少次，怎样修改程序？

【例 5.7】输出所有的"水仙花数"，"水仙花数"是指一个 3 位数，其各位数字立方和等于该数本身。例如，153 是一个水仙花数，因为 $153=1^3+5^3+3^3$。

思路分析：

"水仙花数" n 是一个 3 位数，即 n 的范围从 100 到 999，对此范围内的每一个 n 都要判断是否是"水仙花数"，是重复的操作，用循环结构实现。对每一个具体的 n 怎样判断呢？根据"水仙花数"的定义，如果各位数字立方和等于该数本身即为"水仙花数"，假设用 s 表示各位数字立方和，如果 n 等于 s，n 就是水仙花数，显然要用 if 语句实现。怎样求 s 呢？s 为各位数字的立方和，分别用 a、b、c 表示 n 的百位、十位和个位，则 $s=a^3+b^3+c^3$，求出 a、b、c 即可求出 s。流程图如图 5-11 所示。

程序代码：

```
#include "stdio.h"
int main()
{
int n,a,b,c,s;
for(n=100;n<=999;n++)        //n 从 100 到 999
{
    a=n/100;                 //计算 a
    b=(n-a*100)/10;          //计算 b
    c=n-a*100-b*10;          //计算 c
    s=a*a*a+b*b*b+c*c*c;     //计算 s
    if(n==s)                 //判断 n 和 s 是否相等
        printf("%d\n",n);    //相等是水仙花数，输出
}
return 0;
}
```

水仙花算法

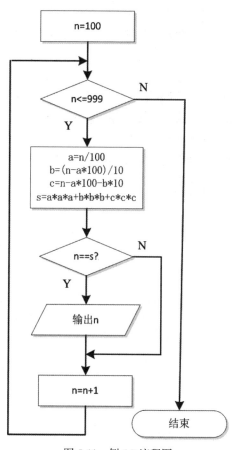

图 5-11　例 5.7 流程图

运行结果：

```
153
370
371
407
Press any key to continue
```

说明：

判断两个数是否相等是两个等于号，不要写成一个等于号，一个等于号是赋值运算符。

求立方还可以用 pow 函数，pow(x,y)计算 x^y，即 s=pow(a,3)+pow(b,3)+pow(c,3);。使用数学函数时，要在文件开头加上#include "math.h"。

思考以下问题。

如果把 n==s 写成了 n=s，程序运行结果是什么？为什么？

【例 5.8】一个数如果恰好等于它的因子之和，这个数就称为"完数"。例如 6 的因子为 1、2 和 3，而 6=1+2+3，因此 6 是"完数"。编程找出 1000 之内的所有"完数"，并统计"完数"的个数。

思路分析：

题目要找出 1000 之内的所有"完数"，对从 2 到 1000 的每一个数 n 都要判断是否是"完数"，显然是循环结构。对每一个具体的 n 怎样判断呢？根据"完数"的定义，假设 s 表示 n 的因子之和，如果 n 等于 s，则 n 是"完数"。

本题的难点是求 s，对每一个 n，s 的初值为 0，先判断 1 是不是 n 的因子，如果是，则 s 等于 s 加上 1，再判断 2 是不是 n 的因子，如果是，则 s 等于 s 加上 2······再判断 n-1 是不是 n 的因子，如果是，则 s 等于 s 加上 n-1。即从 1 到 n-1 的每一个数 i 都要判断是不是 n 的因子，如果是，则加上，重复执行此操作，用循环来实现。

用 count 表示"完数"的个数，其初值为 0，如果 n 是"完数"，则 count 的值加 1，循环结束输出 count 的值即可。流程图如图 5-12 所示。

程序代码：

完数算法

```c
#include "stdio.h"
int main()
{
 int s,n,i,count=0;
 printf("1000 之内的完数有：\n");
for(n=2;n<=1000;n++)        //n 从 2 到 1000
{
    s=0;                   //s 的初值为 0
 for(i=1;i<=n-1;i++)        //i 从 1 到 n-1
    if(n%i==0)             //如果 i 是因子，求和
      s=s+i;
    if(n==s)              //如果相等，是完数
    {
    printf("%d\n",n);     //输出完数
    count++;             //个数加 1
    }
}
printf("1000 之内的完数有%d 个\n ",count); //输出个数
return 0;
}
```

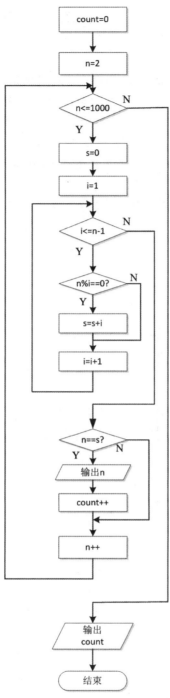

图 5-12　例 5.8 流程图

运行结果：

【例5.9】输入一个大于3的整数 m，判断它是否是素数（prime，又称质数），若是素数，输出"是素数"，否则输出"不是素数"。

思路分析：

素数是指除了能被1及其自身整除外，不能被其他任何整数整除的正整数。例如11是素数，除了1和11外，不能被2和10之间的任何整数整除。根据素数的定义，可得到判断素数的方法：让 m 除以 i，i 的值从2到 m-1，若都除不尽，即余数都不为0，则 m 是素数。如果 m 能被2到 m-1 之中任何一个整数整除，即只要有一次余数为0，则 m 肯定不是素数，不必再继续被后面的整数除，可以提前结束循环。事实上，m 不必被2到 m-1 范围内的各整数去除，只需被2到 $\sqrt{m}$ 之间的整数除即可。

方法一：用 break 语句实现。流程图如图5-13所示。

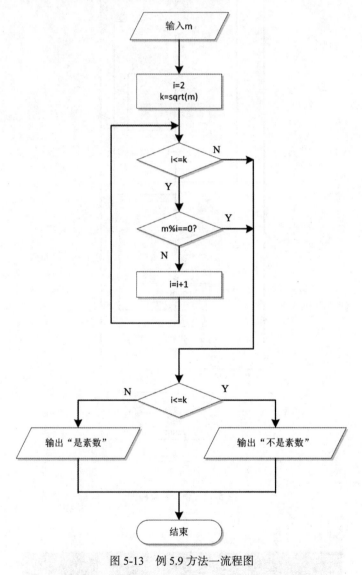

图5-13 例5.9方法一流程图

程序代码：

```
#include "stdio.h"
#include  "math.h"
```

```
int main()
{
int m,i,k;
printf("请输入一个正整数:");
scanf("%d",&m);
k=sqrt(m);
for(i=2;i<=k;i++)
  if(m%i==0)
    break;
if(i<=k)
  printf("%d 不是素数\n",m);
else
  printf("%d 是素数\n",m);
return 0;
}
```

运行结果：

说明：

从程序中可以看出，如果 m 能被 2 到 k 之间的一个整数整除，执行 break 语句，提前结束循环，流程跳转到循环体之外。那么怎样判定 m 是否是素数呢？可以根据循环结束时 i 和 k 的关系来判断 m 是否为素数。循环结束有两种情况，一种是循环条件为假，称为正常结束，一种是通过 break 语句退出，称为非正常结束。如果 i 是小于或等于 k 的，说明循环是通过 break 语句退出循环的，通过 break 语句退出，说明 m 和 i 求余等于 0 成立，m 不是素数。如果 $i>k$，说明循环是正常退出的，正常退出说明 break 没有被执行，也就是 i 从 2 到 k，m 和 i 求余没有为 0 的时候，m 是素数。

sqrt 是求平方根的函数，要求参数为双精度数，在执行时自动将整数 m 转换为双精度数，求出的函数值也是双精度数，系统会自动将小数部分舍弃，只把整数部分赋给 k。使用 sqrt 函数，在开头应加上#include　"math.h"。

方法二：采用标志变量实现。流程图如图 5-14 所示。

程序代码：

```
#include "stdio.h"
#include  "math.h"
int main()
{
int m,i,k,flag=1;
printf("请输入一个正整数:");
scanf("%d",&m);
k=sqrt(m);
for(i=2;i<=k&&flag;i++)
    if(m%i==0)
      flag=0;
if(flag)
  printf("%d 是素数\n",m);
else
```

```
    printf("%d不是素数\n",m);
return 0;
}
```

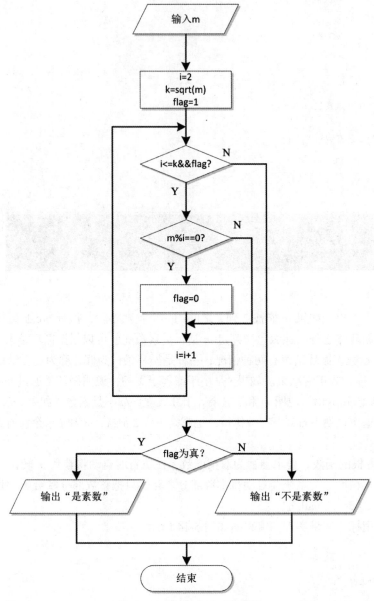

图 5-14　例 5.9 方法二流程图

说明：

flag 为标志变量，初值为真，i<=k 并且 flag 为真时进入循环，如果 m 和 i 求余为 0，把 flag 的值置为假，i<=k 和 flag 中只要有一个为假就结束循环。循环结束后，根据 flag 的值判断 m 是否为素数，若 flag 为真，是素数，否则不是素数。

【例 5.10】输出 300 到 400 之间的素数，要求输出 15 个素数换行，并且输出素数的个数。

素数算法

思路分析：

有了例 5.9 的基础，本题就容易了。对 300 到 400 之间的每一个数都要判断是不是素数，很明显是重复操作，只要增加一个外循环，先后对 300 到 400 之间的全部整数一一判定即可。请读者自己画出流程图。

程序代码：

```c
#include "stdio.h"
#include "math.h"
int main()
{
  int n,i,k,m=0;                    //m 统计素数的个数，初值为 0
  for(n=301;n<=400;n=n+2)          //n 从 300 变化到 400，对每个 n 进行判断
  {
    k=sqrt(n);
    for(i=2;i<=k;i++)              //从 2 判断到 k
      if(n%i==0)                   //如果 n 被 i 整除，终止内循环
       break;
    if(i>=k+1)                     //若 i>=k+1，表示 n 未曾被整除，是素数
    {
      printf( "%d,",n);
      m=m+1;                       //m 统计素数的个数，是素数，则 m 加 1
    }
    if(m%15==0)                    //m 累计到 15 的倍数，换行
    printf("\n");
  }
  printf("\n 素数有%d 个",m);
    return 0;
}
```

运行结果：

说明：

（1）根据常识，偶数不是素数，所以对偶数不必进行判定，只对奇数进行判断，所以外层循环变量 n 从 101 开始，每次加 2。

（2）执行 break 语句时，只跳出内层循环，流程转至 if(i>=k+1)。

（3）变量 m 的作用是累计素数的个数，初值为 0，如果 n 是素数，则 m 的值加 1。如果 m 和 15 求余为 0，则换行。

【例 5.11】鸡兔同笼，上数共有 35 个头，下数有 94 只脚，求鸡兔各有几只?

思路分析：

设鸡数为 x，兔数为 y，根据题意有 $x+y=35$，$2x+4y=94$。采用穷举法，所谓穷举法就是将所有可能的方案都逐一测试，从中找出符合要求的解答。让 x 从 1 变化到 34，$y=35-x$，如果 x 和 y 同时满足条件 $2x+4y=94$，则输出 x 和 y 的值。流程图如图 5-15 所示。

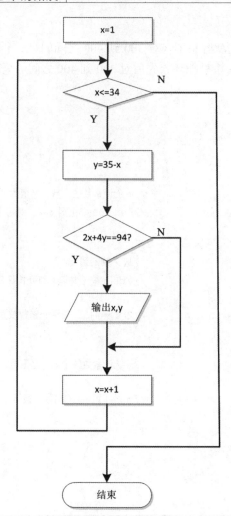

图 5-15　例 5.11 流程图

程序代码:

```c
#include "stdio.h"
int main()
{
int x,y;
for(x=1;x<=34;x++)
{
y=35-x;
if(2*x+4*y==94)
    printf("鸡有%d 只,兔有%d 只\n",x,y);
}
return 0;
}
```

运行结果:

```
鸡有23只,兔有12只
Press any key to continue
```

【例 5.12】输入两个正整数 m、n，求 m、n 的最大公约数和最小公倍数。

思路分析：

公约数的范围是从 1 到 m 和 n 之间较小的数，若 $m>n$，交换 m 和 n 的值，则公约数的范围是从 1 到 m，要求最大的公约数，从 m 开始判断是否是公约数，循环从 m 到 1，满足条件的第一个数即是最大公约数，用 break 语句退出循环即可。m 乘以 n 除于最大公约数即为最小公倍数。流程图如图 5-16 所示。

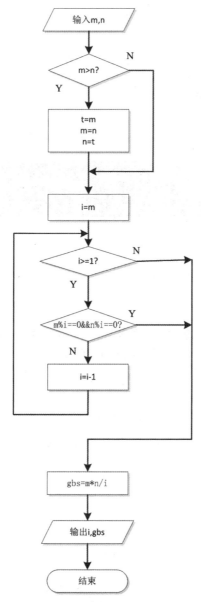

图 5-16　例 5.12 流程图

程序代码：

```
#include "stdio.h"
int main()
{int m,n,i,t,gbs;
scanf("%d%d",&m,&n);
```

```
    if(m>n)
    {
        t=m;
        m=n;
        n=t;
    }
    for(i=m;i>=1;i--)
    {
    if(m%i==0&&n%i==0)
    {
        break;
    }
    }
    gbs=m*n/i;
    printf("最大公约数是：%d,最小公倍数是：%d\n",i,gbs);
    return 0;
    }
```

运行结果：

```
8 20
最大公约数是：4,最小公倍数是：40
Press any key to continue
```

【例 5.13】输出图形。

```
$
$$$
$$$$$
$$$$$$$
```

思路分析：

题目要求输出三角形，首先观察图形找出规律。总共 4 行，先输出第一行，再输出第二行、第三行、第四行，重复输出每一行，是循环结构。再观察每一行，每一行先输出空格，再输出$，再输出回车换行。每行$前的空格个数为 4 减 i，每行$的个数恰好为所在行 i 的 2 倍减 1，知道此规律就可以设计循环编写程序。

外层循环 i 从 1 到 4 控制输出行数，内层循环需要两个，分别控制空格和$的个数。控制空格个数时，循环变量 j 从 1 到 4-i；控制$个数时，循环变量 k 从 1 到 2*i-1。程序流程图如图 5-17 所示。

程序代码：

```
#include "stdio.h"
int main()
{
    int i,j,k;
    i=1;
    for(i=1;i<=4;i++)              //i 控制行数
    {
        for(j=1;j<=4-i;j++)        //j 控制空格个数
            printf(" ");
        for(k=1;k<=2*i-1;k++)      //k 控制$个数
            printf("$");
        printf("\n");
    }
    return 0;
}
```

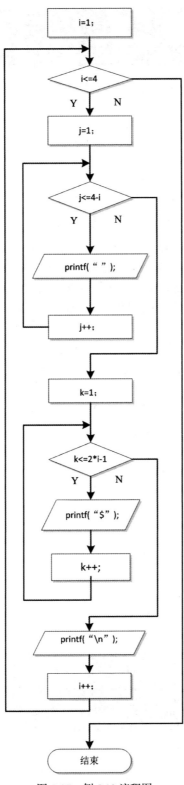

图 5-17　例 5.13 流程图

运行结果：

```
    $
   $$$
  $$$$$
 $$$$$$$
Press any key to continue
```

【例 5.14】输出图形。

```
      $
     $$$
    $$$$$
   $$$$$$$
    $$$$$
     $$$
      $
```

思路分析：

有了例 5.13 的基础，本题就容易了。首先观察图形找出规律。总共 7 行，重复输出每一行，是循环结构。再观察每一行，每一行先输出空格，再输出$，再输出回车换行。前 4 行$前的空格个数为 4 减 i，后 3 行$前的空格个数为 i 减 4，统一表示为 4-i 的绝对值。每行$的个数不太容易观察出来规律，我们这样观察：图形关于第 4 列对称，$前的空格个数和$后的空格个数一样多，每行空格一共有 2 倍的 4-i 的绝对值个，总共 7 列，那每行$的个数为 7 减 2 倍的 4-i 的绝对值个。知道此规律就可以设计循环编写程序。

外层循环 i 从 1 到 7 控制输出行数，内层循环需要两个，分别控制空格和$的个数。控制空格个数时，循环变量 j 从 1 到 fabs(4-i)，控制$个数时，循环变量 k 从 1 到 7-2*fabs(4-i)。请读者自己画出程序流程图。

程序代码：

```
#include "stdio.h"
#include "math.h"
int main()
{
int i,j,k;
for(i=1;i<=7;i++)
{
    for(j=1;j<=fabs(4-i);j++)
        printf(" ");
    for(k=1;k<=7-2*fabs(4-i);k++)
        printf("$");
    printf("\n");
}
return 0;
}
```

运行结果：

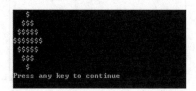

5.7 本章小结

循环就是在给定的条件成立时反复执行某一程序段，被反复执行的程序段称为循环体。循环

结构是结构化程序设计的三种基本结构之一。本章重点介绍了实现循环结构的三条语句：while 语句、do-while 语句和 for 语句，改变循环执行状态的语句：break 语句和 continue 语句，通过实例介绍了循环实现的方法。

习 题 五

一、选择题

1. 要求通过 while 循环不断读入字符，当读入字母 N 时结束循环。若变量已正确定义，下列正确的程序段是（　　　）。

    A. while((ch=getchar())!='N') printf("%c",ch);

    B. while(ch=getchar()!='N') printf("%c",ch);

    C. while(ch=getchar()=='N') printf("%c",ch);

    D. while((ch=getchar())=='N') printf("%c",ch);

2. 下列叙述中正确的是（　　　）。

    A. break 语句只能用于 switch 语句中

    B. continue 的作用是使程序的执行流程跳出包含它的所有循环

    C. break 语句只能用于循环体内和 switch 语句中

    D. 在循环体内使用 break 语句和 continue 语句的作用相同

3. while 和 do…while 循环的主要区别是（　　　）。

    A. do…while 循环的循环体不能是复合语句

    B. do…while 循环允许从循环体外转到循环体内

    C. while 循环的循环体至少被执行一次

    D. do…while 循环的循环体至少被执行一次

4. 若 i,j 已定义成 int 型，则以下程序段中内循环体的总执行次数是（　　　）。

```
for(i=6;i>0;i--)
for(j=0;j<4;j++){...}
```

    A. 20　　　　　　B. 24　　　　　　C. 25　　　　　　D. 30

5. 以下循环体的执行次数是（　　　）。

```
main()
{int i,j;
for(i=0,j=1;i<j+1;i+=1,j--)
printf("%d\n",j);}
```

    A. 3　　　　　　B. 2　　　　　　C. 1　　　　　　D. 0

6. 下面程序的循环次数是（　　　）。

```
#include "stdio.h"
int main()
{
 int k=0;
while(k<10)
{
   if(k<1)  continue;
   if(k==5)  break;
     k++;
```

```
    }
}
```

  A. 5   B. 6

  C. 4   D. 死循环，不能确定循环次数

7. 要使下面程序输出 10 个整数，则在下划线处填入的正确数字是（   ）。

```
#include "stdio.h"
int main()
{
 int i;
for(i=0;i<=-;)
 printf("%d\n",i+=2);
}
```

  A. 9   B. 10   C. 18   D. 20

8. 若 k 为整型变量，则下面 while 循环执行的次数为（   ）。

```
k=10;
while(k==0)
 k=k-1;
```

  A. 0   B. 1   C. 10   D. 无限次

9. 下面有关 for 循环的正确描述是（   ）。

  A. for 循环只能用于循环次数已经确定的情况

  B. for 循环是先执行循环体语句，后判断表达式

  C. 在 for 循环中，不能用 break 跳出循环

  D. for 循环的循环体可以包含多条语句，但必须用大括号括起来

10. for(表达式 1; ;表达式 3)可以理解为（   ）。

  A. for(表达式 1;0 ;表达式 3)

  B. for(表达式 1; 1 ;表达式 3)

  C. for(表达式 1;表达式 1;表达式 3)

  D. for(表达式 1;表达式 3;表达式 3)

二、写出下列程序的运行结果。

```
1. #include "stdio.h"
int main()
{   int i=1;
    while(i<=50)
    {i=i*3;
    printf("%d\n",i);

    }
return 0;
}
2. #include "stdio.h"
int main()
{
    char c='a';
    int i=1;
    while(i<=5)
    {printf("%c\n",c);
    c++;
    i++;
```

```
        }
return 0;
}
```

3.
```
#include "stdio.h"
int main()
{int y=1;
while( 1)
{
    y=y+1;
    if(y%7==0)
        printf("%d,",y);
    else
        continue;
    if(y>80)
        break;
}
return 0;
}
```

4.
```
#include "stdio.h"
main()
{int i;
for(i=1;i<=10;i++)
{ if((i*i>=20)&&(i*i<=100))
    break;
}
printf("%d\n",i*i);
return 0;
}
```

5.
```
#include "stdio.h"
main()
{int i=0,a=0;
while(i<20)
{for(;;)
{if(i%10==0)break;
else i--;
}
i+=11;
a+=i;
}
printf("%d\n",a);
return 0;
}
```

6.
```
#include "stdio.h"
main()
{int i,j,m=55;
for(i=1;i<=3;i++)
   for(j=3;j<=i;j++)
       m=m%j;
   printf("%d\n",m);
return 0;
}
```

7.
```
#include "stdio.h"
main()
```

```
{int a=1,b;
for(b=1;b<=10;b++)
{if(a>=8) break;
if(a%2==1)
{a+=5;continue;}
a=3;
}
printf("%d\n",b);
return 0;
}
```

8.
```
#include "stdio.h"
main()
{int i,j,x=0;
for(i=0;i<2;i++)
{
    x++;
    for(j=0;j<=3;j++)
      {
          if(j%2)
              continue;
          x++;
      }
    x++;
}
printf("x=%d\n",x);
return 0;
}
```

9.
```
#include "stdio.h"
main()
{int s,k;
for(s=1,k=2;k<5;k++)
    s=s+k;
printf("%d\n",s);
}
```

10.
```
#include "stdio.h"
main()
{
   int i=10,j=0;
   do
   {
   j=j+i;
   i--;
   }while(i>5);
   printf("%d",j);
}
```

11.
```
#include "stdio.h"
main()
{
 int i;
for(i=4;i<=10;i++)
   {
   if(i%3==0)
     continue;
```

```
      printf("%d",i);
   }
}
12. #include "stdio.h"
main()
{
int num=0;
while(num<=2)
{
num++;
printf("%d\n",num);
}
}
13. #include "stdio.h"
main()
{
int  i,j,k;
for(i=1;i<=6;i++)
{
   for(j=1;j<=20-2*i;j++)
   printf("");
for(k=1;k<=i;k++)
   printf("%4d ",i);
printf(" \n");
}
}
```

三、编程题

1. 求 1+3+5+…+99 的值。

2. 计算 $s=1!+3!+…+9!$的值。

3. 输入一行字符，分别统计出其中英文字母、空格、数字和其他字符的个数。

4. 输出小写字母的 ASCII 码对照表。

5. 计算 $s=1+12+123+1234+12345$ 的值。

6. 计算 $1-\dfrac{1}{2}+\dfrac{1}{3}-\dfrac{1}{4}+…+\dfrac{1}{99}-\dfrac{1}{100}+…$，直到最后一项的绝对值小于 10^{-6} 为止。

7. 输出 100 以内具有 10 个以上因子的整数，并输出它的因子。

8. 计算 $s=1+12+123+1234+12345$ 的值。

9. 输出以下图形。

A
BBB
CCCCC
DDDDDDD

10. 输出以下图形。

A
ABC
ABCDE
ABCDEFG

11. 求 $s=1+(1+2)+(1+2+3)+…+(1+2+3+…+n)$，要求 n 从键盘输入。

12. 编写程序，求出 666666 的约数中最大的三位数是多少。

13. 编写程序，求出 200 到 300 之间的数，且满足条件：它的 3 个数字之积为 42，3 个数字之和为 12。

实验 循环结构程序设计

【实验目的】

（1）熟练掌握用 while 语句、do…while 语句和 for 语句实现循环的方法。

（2）进一步学习调试程序。

【实验内容】

1. 习题第三大题第 4 题，编程序并上机调试运行。

（1）思路解析。26 个小写字母，每个都要输出字母和 ASCII 值，是重复执行，明显是循环结构。

（2）程序流程图如图 5-18 所示。

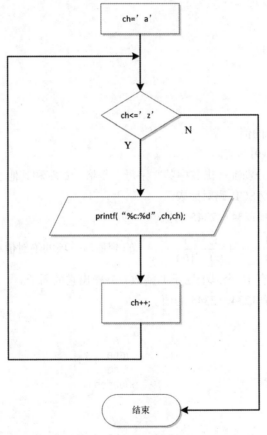

图 5-18 实验 1 流程图

请写出程序和运行结果。

2. 习题第三大题第 8 题，编程序并上机调试运行。

（1）思路解析。本题是求累加和，求累加和关键是找出累加项的规律，仔细观察累加项，发现规律是：

第 i 项 t 等于前一项 t 乘以 10 加上 i。

（2）程序流程图如图 5-19 所示。

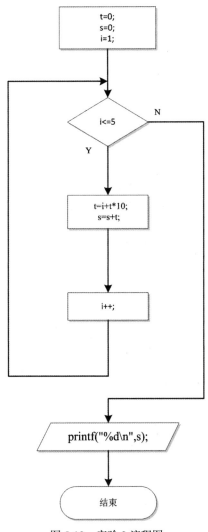

图 5-19　实验 2 流程图

请写出程序和运行结果。

3. 习题第三大题第 9 题，画出流程图，编程序并上机调试运行。

（1）思路解析。此题与例 5.13 类似。首先观察图形找出规律。总共 4 行，重复输出每一行，是循环结构。再观察每一行，每一行先输出空格，再输出字符，再输出回车换行。每行字符前的空格个数为 4 减 i，每行字符的个数恰好为所在行 i 的 2 倍减 1，与例 5.13 不同的是：每行输出的字符是变化的，用变量 ch 表示即可，ch 初值为'A'，ch 加 1 即是下一行的字符。

（2）请画出流程图，写出程序和运行结果。

4. 习题第三大题第 12 题，编程序并上机调试运行。

（1）思路解析。要求出约数中最大的三位数，可以使用穷举法。为提高求解效率，可以考虑从 999 向 100 逐渐减少进行尝试，一旦得到满足条件的约数，立刻通过 break 语句结束循环，并输出结果。

（2）程序流程图如图 5-20 所示。

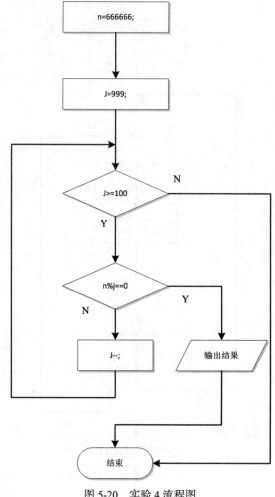

图 5-20　实验 4 流程图

请写出程序和运行结果。

第6章
数组

6.1 一维数组的定义和引用

6.1.1 一维数组的定义

在 C 语言中使用数组也必须先定义。一维数组的定义形式如下。

类型说明符 数组名[常量表达式];

其中，类型说明符是任一种基本数据类型或构造数据类型。数组名是用户定义的数组标识符。方括号中的常量表达式表示数据元素的个数，又称为数组的长度。

```
int a[10]; //定义整型数组 a, 数组长度是 10
float a[10],b[20]; //定义实型数组 a, 长度是 10, 实型数组 b, 长度是 20
char c[20]; //定义字符型数组 c, 长度是 20
int n,s[6]; //定义整型变量 n, 整型数组 s, 数组长度是 6
```

在数组的定义过程中，有以下几点需要特别注意。

（1）数组的类型实际上是指数组元素的取值类型。对于同一个数组，其所有元素的数据类型都是相同的。

（2）数组名的命名规则应符合标识符的书写规定。

（3）数组名不能与其他变量名相同。

```
int a;
int a[10]; //数组名和变量名相同，错误
```

（4）在数组定义过程中，方括号中的常量表达式表示数组元素的个数，如 a[5]表示数组 a 有 5 个元素。但是其下标从 0 开始计算，5 个元素分别为 a[0], a[1], a[2], a[3], a[4]。

（5）在定义数组时，不能在方括号中用变量来表示元素的个数，但是可以是符号常数或常量表达式。即，不允许对数组的大小做动态定义。

```
int n=10;
int a[n];//错误的数组定义
#define N 10
…
int a[N];//合法的数组定义
```

（6）定义数组，就是同时定义了多个同类型的变量，这些变量，即同一数组中的各个元素，

在内存中连续存放。也就是说，系统给数组元素分配连续的存储空间。

例：int a[6];数组 a 中各个元素在内存中的存放如图 6-1 所示。

a[0]	a[1]	a[2]	a[3]	a[4]	a[5]

图 6-1　数组 a[6]中各个元素的存储空间

6.1.2　一维数组元素的引用

C 语言规定，数组必须先定义，后使用。

数组元素是组成数组的基本单位。数组元素也是一种变量，其标识方法为数组名后跟一个下标。下标表示了元素在数组中的顺序号。数组元素的引用形式如下。

数组名[下标]

其中，下标从 0 开始，且只能为整型常量或整型表达式。如果下标是小数，C 编译将自动取整。如下。

```
a[5]
a[i+j]
a[i++]
```

都是合法的数组元素。

数组元素通常也称为下标变量。必须先定义数组，才能使用下标变量。在 C 语言中只能逐个地使用数组元素，而不能一次引用整个数组。例如，输出长度为 10 的整型数组 a 的各个元素的值，必须逐个输出各数组元素的值，结合循环结构实现如下。

```
for(int i=0;i<=9;i++)
    printf("%d", a[i]);
```

需要注意的是，引用数组元素时的下标变量和在数组定义中的形式有些相似，但这两者具有完全不同的含义。数组定义中的方括号里给出的是某一维的长度，即指出定义了多少个这种类型的变量；而数组元素中的下标是该元素在数组中的位置标识。前者只能是常量，后者可以是常量、变量或表达式。

6.1.3　一维数组的初始化

像定义变量的同时可以进行初始化一样，定义数组时也可以对各个数组元素赋初值，称为数组的初始化。对一维数组进行初始化的形式主要有以下几种。

（1）在定义数组时对全部数组元素赋初值。

```
int a[6]={0,1,2,3,4,5};
```

大括号中的多个用逗号间隔的数据，按其先后顺序分别赋给数组 a 中的每个元素。大括号内的数据称为"初始化列表"。上面的数组定义和初始化之后，a[0]=0,a[1]=1,a[2]=2,a[3]=3,a[4]=4,a[5]=5。

（2）在定义数组时只给数组中的一部分元素赋初值。

```
int a[6]={0,1,2};
```

给出的初值的个数少于数组的长度，在这种情况下，系统把初值给前面的 3 个元素，后面 3 个没有初值的元素，系统自动默认为 0。

所以，如果想使数组中每个元素的值都为 0，可以写成

```
int a[6]={0};
```

（3）定义数组并初始化时，如果对全部数组元素赋初值，由于初始化列表中数据的个数已确定，因此可以不指定数组的长度。

```
int a[5]={1,2,3,4,5};
```

可以写成

```
int a[ ]={1,2,3,4,5};
```

显然，如果数组长度与提供的初值的个数不同，则方括号中的数组长度不能省略。

需要说明的是：如果在定义数值型数组时，指定了数组的长度并对它进行初始化，初始化列表中没有初值的数组元素，系统自动给它们初始化为 0（如果是字符数组，则初始化为 '\0'，如果是指针型数组，则初始化为 NULL，即空指针）。

6.1.4　一维数组程序举例

【例 6.1】编写程序，找 10 个数中的最小数。

思路分析：

结合本节所学知识，定义一个长度为 10 的数组，动态对它赋值。因为对多个数组元素赋初值，所以结合循环结构。找最小值时，采用"打擂台"的方法，开始，认为第一个数组元素 a[0]最小，把它的值赋给 min，然后，让 min 分别和剩下的每个数组元素的值比较，如果 min 的值大于当前的数组元素的值，则认为当前数组元素的值是目前所找到的最小值，并把它赋给 min。因为要和剩下的每个数组元素的值进行比较，所以找最小值时仍然采用循环结构。

程序代码：

```
#include<stdio.h>
int main( )
{
    int i,min,a[10];
    for(i=0;i<=9;i++)
        scanf("%d",&a[i]);
    min=a[0];
    for(i=1;i<=9;i++)
        if(min>a[i])
            min=a[i];
    printf("最小数是: %d\n",min);
    return 0;
}
```

例 6.1 的程序执行流程分析

运行结果：

```
10 2 3 52 7 8 16 9 58 20
最小数是: 2
Press any key to continue
```

说明：

C 语言中，数组元素的下标从 0 开始，所以最后一个数组元素的下标值要比数组的长度小 1。

6.2　二维数组的定义和引用

一维数组只有一个下标，称为一维数组，其数组元素也称为单下标变量。在实际问题中有很多量是二维的或多维的，因此 C 语言允许构造多维数组。多维数组元素有多个下标，以标识它在数组中的位置，所以也称为多下标变量。本节只介绍二维数组，多维数组可由二维数组类推而得到。

二维数组常称为矩阵。把二维数组写成行和列的排列形式，有助于更形象地理解二维数组的逻辑结构。

6.2.1 怎样定义二维数组

定义二维数组的概念与方法和一维数组相似。

类型符号　数组名[常量表达式][常量表达式];

```
int a[2][3];
```

以上是定义了一个 int 型的二维数组 a，它的第一维有 2 个元素，即 2 行，第二维有 3 个元素，即 3 列。每一维的长度分别用一对方括号括起来。该数组中共有如下 2×3=6 个元素。

```
a[0][0], a[0][1], a[0][2]
a[1][0], a[1][1], a[1][2]
```

二维数组可以被看作一种特殊的一维数组：它的元素又是一个一维数组。例如，可以把 a 看作一个一维数组，它有如下 2 个元素。

```
a[0],a[1]
```

每个元素又是一个包含 3 个元素的一维数组。

```
a[0]---- a[0][0], a[0][1], a[0][2]
a[1]---- a[1][0], a[1][1], a[1][2]
```

C 语言中，二维数组元素在内存中存放时是按行优先的顺序存放的，即先存放第一行的各个元素，再存放第二行的元素，依此类推。例如，数组 a[2][3]各个元素在内存中的存放形式如图 6-2 所示。

| a[0][0] | a[0][1] | a[0][2] | a[1][0] | a[1][1] | a[1][2] |

图 6-2　数组 a[2][3]各个元素的内存分配

6.2.2 二维数组元素的引用

二维数组元素的引用形式如下。

数组名[下标][下标]

其中，下标应为整型常量或整型表达式。

同样，在引用二维数组元素时，每一维上的下标值都必须在该数组大小的范围之内。

如下。

```
int a[3][4];
```

按以上定义，数组 a 的行下标的取值范围是 0~2，列下标的取值范围是 0~3。数组元素 a[1][2]表示 a 数组中行号为 1 列号为 2 的元素。

6.2.3 二维数组的初始化

二维数组的初始化是指在定义二维数组的同时对数组元素赋初值。二维数组的初始化形式主要有以下几种。

（1）按行分段赋值。

```
int a[3][4]={{1,2,3,4},{5,6,7,8},{9,10,11,12}};
```

这种方法比较直观，把第一个大括号内的数据给第一行的各个元素，第 2 个大括号内的数据给第二行的元素…即按行赋初值。

（2）按行连续赋值。

```
int a[3][4]={1,2,3,4,5,6,7,8,9,10,11,12};
```

按行优先的顺序分别给各数组元素赋值，赋值结果同上。

（3）对部分数组元素赋初值，未给初值的系统自动赋值为 0。

int a[3][4]={{1},{2},{3}};是对每行中第一列的元素赋值，其余元素的值均为 0，赋值后各元素的值如下。

```
1    0    0    0
2    0    0    0
3    0    0    0
```

而 int a[3][4]={1,2,3};按照行优先的顺序把 3 个值分别给了第一行的前 3 个元素，其余数组元素的初值为 0，赋值后各元素的值如下。

```
1    2    3    0
0    0    0    0
0    0    0    0
```

（4）如果对全部数组元素赋初值，则第一维的长度可以省略。

```
int a[3][4]={1,2,3,4,5,6,7,8,9,10,11,12};
```

可以写成

```
int a[ ][4]={1,2,3,4,5,6,7,8,9,10,11,12};
```

系统根据总的数据个数和第二维的长度计算出第一维的长度。

分行并且只给部分元素赋初值时，也可以省略第一维的长度。例如：

```
int a[ ][4]={{1}, {0,2}, {0,0,3}};
```

这种初始化方法，能告知编译系统，数组有 3 行。赋值后各元素的值如下。

```
1    0    0    0
0    2    0    0
0    0    3    0
```

6.2.4　二维数组应用举例

【例 6.2】一个学习小组有 3 个人，每个人有 4 门课的考试成绩，如图 6-3 所示。求每个人的平均成绩和小组总平均成绩。

	语文	数学	外语	计算机
张	85	76	90	90
王	88	80	95	88
李	90	75	80	95

图 6-3　3 人 4 门课的成绩情况

思路分析：

可定义一个二维数组 a[3][4] 来存放 3 个人 4 门课的成绩。定义一个长度为 3 的数组来存放每人的平均成绩，定义变量 average 存放小组总平均成绩。

程序代码:

```
#include<stdio.h>
int main()
{
    int i,j,s=0;
    float average,v[3],a[3][5];
    printf("please input score\n");
    for(i=0;i<3;i++)
    {    for(j=0;j<4;j++)
            {
                scanf("%f",&a[i][j]);
                s=s+a[i][j];
            }
        v[i]=s/4;
        s=0;
    }
    average=(v[0]+v[1]+v[2])/3;
    printf("the first man:%f\nthe second man:%f\nthe third man:%f\n",v[0],v[1],v[2]);
    printf("the total average:%f",average);
return 0;
}
```

例 6.2 的程序执行流程分析

运行结果:

```
please input score
85 76 90 90
88 80 95 88
90 75 80 95
the first man:85.000000
the second man:87.000000
the third man:85.000000
the total average:85.666664Press any key to continue
```

说明:

采用循环嵌套结构给数组中的每个元素赋值,即给出每个人 4 门课的成绩。内层循环中,每给一个数组元素赋值,把该元素的值累加到变量 s 中,所以当内层循环结束,意味着一个人各门课的成绩确定,同时也得到了他的总分,当然可以计算出相应的平均成绩,同时重置 s 的值为 0,为输入下一个人的成绩并计算总分做准备。当整个循环结束时,每个人的平均分确定,再计算他们总的平均分,并进行输出。

6.3 字 符 数 组

每个数组元素的数据类型是字符型的一维数组,就是字符数组。字符数组的引用、存储、初始化的方法和一维数值数组相同,但又有 C 语言的特点,尤其是把字符数组作为字符串的形式使用。因为 C 语言中没有字符串变量,对程序中的字符串,系统用字符数组方式保存,连续、顺序地存放每一个字符,最后加上一个空字符 '\0' 作为结束标志。

6.3.1 定义字符数组

字符数组的定义形式同前面介绍的数值型数组的定义形式相同。

```
char  c[10]; //定义一个长度为 10 的字符数组，每个数组元素占 1 字节的内存单元
```

由于字符型和整型通用，也可以如下这样定义。

```
int  c[10]; //注意，这里的每个数组元素占 2 字节的存储空间
```

另外，也可以定义二维或多维的字符数组。

```
char c[2][10];  //二维的字符数组
```

6.3.2　字符数组初始化

和数值型数组一样，在定义字符数组的同时也可以对其进行初始化。最常见的方式是用"初始化列表"，把各个字符依次赋给数组中的每个元素。

```
char c[10]={'c', ' ', 'p' , 'r' , 'o' , 'g' , 'r' , 'a' , 'm', '!'};
```

数组 c 在内存中的存储状态如图 6-4 所示。

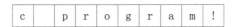

图 6-4　字符数组 c[10]各个元素的值在内存的存放情况

系统把初始化列表中的 10 个字符分别赋给 c[0]～c[9]这 10 个数组元素。

对字符数组进行初始化的注意事项如下。

（1）如果在定义字符数组时不进行初始化，则数组中各元素的值不可预料。

（2）如果初始化列表中的初值个数大于数组长度，则出现语法错误。

（3）如果初值个数小于数组长度，则只将初值赋给数组中前面的元素，没有获得初值的元素，系统自动定为空字符（即'\0'）。

```
char c[10]={'c', ' ', 'p' , 'r' , 'o' , 'g' , 'r' , 'a' , 'm'};
```

数组存储状态如图 6-5 所示。

图 6-5　字符数组 c[10]各个元素的值在内存的存放情况

（4）数组定义的同时进行初始化时，如果提供初值的个数与数组的长度相同，则在定义数组时可以省略数组长度，系统会自动根据初值的个数确定数组长度。

```
char c[ ]={'c',' ', 'p' , 'r' , 'o' , 'g' , 'r' , 'a' , 'm' };
```

数组 c 的长度没有指定，系统自动定为 9。定义数组并且赋初值的字符个数较多时，采用这种方式比较方便。当然，对于二维数组，在定义的同时也可以进行初始化。

6.3.3　引用字符数组中的元素

字符数组和数值型数组一样，通过下标来引用数组元素。

【例 6.3】输出一个字符数组中的各个元素的值。

思路分析：

对数组的操作，通常借助循环结构，利用循环把数组中每个元素的值输出。

程序代码：

```
#include<stdio.h>
int main( )
{
```

```
    char c[10]={'A',' ', 'b','o','o','k'};
    int i;
    for(i=0;i<=9;i++)
        printf("%c",c[i]);
    printf("\n");
    return 0;
}
```

运行结果：

6.3.4 字符串和字符串结束标志

在 C 语言中没有专门的字符串变量，通常用一个字符数组来存放一个字符串。当字符串的长度和字符数组的长度相等时，我们可以根据数组的长度来确定字符串中字符的个数。但是，在实际工作中，字符串的有效长度往往不是字符数组的长度，在这种情况下，为了测定字符串的实际长度，C 语言规定了一个字符串结束标志'\0'。因此当把一个字符串存入一个数组时，也把结束符'\0'存入数组，并以此作为该字符串是否结束的标志。

有了'\0'标志后，就不必再用字符数组的长度来判断字符串的长度了。程序依靠检测'\0'的位置来判断字符串是否结束，而不是根据数组的长度决定字符串的长度。了解了字符串的相关概念后，就不难理解使用字符串常量对字符数组进行初始化。

```
char c[]={"c program"};
```

等价于下列初始化方法。

```
char c[]="c program";
```

使用字符串常量对字符数组进行初始化。定义数组 c 时，没有指明数组长度，此时，系统默认的数组长度是 10，而不是 9。上面的初始化方法与下列方法等价。

```
char c[]={'c',' ','p','r','o','g','r' ,'a' ,'m','\0'};
    //数组长度默认为 10
```

而与下列方法不等价。

```
char c[]={'c',' ','p','r','o','g','r' ,'a' ,'m'};
    //数组长度默认为 9
```

这说明字符数组并不要求它的最后一个字符必须为'\0'，甚至可以没有'\0'。则下列定义也是合法的。

```
char c[7]={ 'p','r','o','g','r' ,'a' ,'m' };
```

6.3.5 字符数组的输入输出

字符数组的输入输出有以下两种方法。

（1）单个字符的输入输出。采用格式控制符 "%c"。

（2）整个字符串一次性输入或输出。采用格式控制符 "%s"。

```
scanf ("%s",c); //使用 scanf 函数输入一个字符串
char c[]={"program"};
printf("%s\n",c); //使用 printf 函数输出一个字符串
```

字符数组在进行输入或输出时需要注意下列事项。

（1）输出的字符中并不包括字符串结束符号'\0'。

（2）采用格式控制符"%s"输出一个字符串时，输出列表应该是字符数组的名字，而不是数组元素名。

（3）若一个字符数组中有多个'\0'，则遇到第一个'\0'时，输出结束。

（4）使用 scanf 函数输入字符串时，输入列表应是字符数组的名字，不能在数组名前加地址符'&'，因为在 C 语言中，数组名代表该系统分配给该数组的存储空间的起始地址。

（5）使用 scanf 函数输入字符串时，输入的字符串应短于已定义的字符数组的长度。

6.3.6　字符串处理函数

C 语言提供了丰富的字符串处理函数，包括字符串的输入、输出、合并、修改、比较、转换、复制几类。使用这些库函数可大大减轻编程的负担。用于输入输出的字符串函数，在使用前应包含头文件"stdio.h"，使用其他字符串函数则应包含头文件"string.h"。

下面介绍几种常用的字符串函数。

（1）字符串输出函数 puts。

格式：puts(字符数组名)

功能：将一个字符串输出到终端。

【例 6.4】利用 puts 函数输出字符串。

思路分析：

从程序中可以看出 puts 函数中可以使用转义字符，因此输出结果为两行。puts 函数完全可以由 printf 函数取代。当需要按一定格式输出时，通常使用 printf 函数。

程序代码：

```
#include"stdio.h"
int main( ){
    char c[]="c\nprogram";
    puts(c);
    return 0;
}
```

运行结果：

（2）字符串输入函数 gets。

格式：gets (字符数组名)

功能：从标准输入设备——键盘上输入一个字符串。

本函数得到一个函数值，即为该字符数组的首地址。

【例 6.5】利用 gets 函数输入字符串。

思路分析：

当输入的字符串中含有空格时，输出仍为全部字符串。说明 gets 函数并不以空格作为字符串输入结束的标志，而只以回车作为输入结束。这是与 scanf 函数不同的。

程序代码：

```
#include"stdio.h"
int main( ){
```

```
    char c[15];
    printf("input string:\n");
    gets(c);
    puts(c);
    return 0;
}
```

从键盘上输入：c program 回车

可以看到输出：c program

运行结果：

```
input string:
c program
c program
Press any key to continue
```

（3）字符串连接函数 strcat。

格式：strcat(字符数组名 1,字符数组名 2)

功能：把字符数组 2 中的字符串连接到字符数组 1 中字符串的后面，并删去字符串 1 后的串标志"\0"。本函数返回值是字符数组 1 的首地址。

【例 6.6】使用 strcat 函数连接两个字符串。

思路分析：

本程序把初始化赋值的字符数组与动态赋值的字符串连接起来。要注意的是，字符数组 1 应定义足够的长度，否则不能全部装入被连接的字符串。

程序代码：

```
#include"stdio.h"
#include"string.h"
int main( ){
    static char st1[30]="My name is ";
    char st2[10];
    printf("input your name:\n");
    gets(st2);
    strcat(st1,st2);
    puts(st1);
    return 0;
}
```

运行结果：

```
input your name:
AAA
My name is AAA
Press any key to continue
```

（4）字符串拷贝函数 strcpy。

格式：strcpy(字符数组名 1,字符数组名 2)

功能：把字符数组 2 中的字符串拷贝到字符数组 1 中。串结束标志"\0"也一同拷贝。字符数组 2 也可以是一个字符串常量。这时相当于把一个字符串赋予一个字符数组。

【例 6.7】使用 strcpy 函数复制字符串。

思路分析：

本函数要求字符数组 1 应有足够的长度，否则不能全部装入所拷贝的字符串。

程序代码：

```
#include"stdio.h"
#include"string.h"
```

```
int main( ){
    char st1[15],st2[]="C Language";
    strcpy(st1,st2);
    puts(st1);
    printf("\n");
    return 0;
}
```

运行结果：

```
C Language
Press any key to continue
```

（5）字符串比较函数 strcmp。

格式：strcmp(字符数组名 1,字符数组名 2)

功能：按照 ASCII 码顺序比较两个数组中的字符串，并由函数返回值返回比较结果。

字符串 1 = 字符串 2，返回值 = 0。

字符串 2>字符串 2，返回值>0。

字符串 1<字符串 2，返回值<0。

本函数也可用于比较两个字符串常量，或比较数组和字符串常量。

【例 6.8】使用 strcmp 函数比较字符串的大小。

思路分析：

本程序中把输入的字符串和数组 st2 中的串比较，比较结果返回到 k 中，根据 k 值再输出结果提示串。当输入为"dbase"时，由 ASCII 码可知"dbase"大于"C Language"，故 k>0，输出结果"st1>st2"。

程序代码：

```
#include"stdio.h"
#include"string.h"
int main( ){
    int k;
    static char st1[15],st2[]="C Language";
    printf("input a string:\n");
    gets(st1);
    k=strcmp(st1,st2);
    if(k==0) printf("st1=st2\n");
    if(k>0) printf("st1>st2\n");
    if(k<0) printf("st1<st2\n");
    return 0;
}
```

运行结果：

```
input a string:
dbase
st1>st2
Press any key to continue
```

（6）测字符串长度函数 strlen。

格式：strlen(字符数组名)

功能：测字符串的实际长度（不含字符串结束标志'\0'）并作为函数返回值。

【例 6.9】使用 strlen 函数计算一个字符串的长度。

思路分析：

本程序测试字符串"st"的长度，测试结果赋给变量 k，输出 k 值为 10，即字符串的实际长度。

程序代码：

```
#include"stdio.h"
#include"string.h"
int main( ){
    int k;
    static char st[]="C language";
    k=strlen(st);
    printf("The lenth of the string is %d\n",k);
    return 0;
}
```

统计一字符串中有多少
个单词

运行结果：

```
The lenth of the string is 10
Press any key to continue
```

6.4 本 章 小 结

数组是相同数据类型的元素按一定顺序排列的集合，就是把有限个类型相同的变量用一个名字命名，然后用编号区分它们的变量的集合，这个名字称为数组名，编号称为下标。组成数组的各个变量称为数组的元素，也称为下标变量。在程序设计过程中，把数组与循环结合起来，可以有效地处理大批量的数据，大大提高工作效率。

习 题 六

编程题

1. 编写程序，计算 Fibonacci 数列的前 50 项。

2. 长度为 10 的数组，编写程序找出其中的最大数及其在该数组中的位置。

3. 使用冒泡排序方法，对 10 个数按照由小到大的顺序排序。

4. 将一个二维数组的行列元素互换，存放到另一个二维数组中。

5. 有一个 2×3 的矩阵，编程找出值最小的元素的值以及它所在的行列号。

6. 编程将一个数组中的元素按逆序重新存放。

7. 编程输出杨辉三角中的前 10 行。

```
1
1   1
1   2   1
1   3   3   1
1   4   6   4   1
1   5   10  10  5   1
.   .   .   .   .
.   .   .   .   .
.   .   .   .   .
```

8. 编写程序，将两个字符串连接起来（不使用 strcat 函数）。

9. 编写程序，分别统计一行字符中英文字母、数字、空格及其他字符的个数。

10. 编写程序输出以下图案。

```
        *
      *   *   *
    *   *   *
      *   *   *
        *
```

实 验　数　组

【实验目的】

（1）掌握一维数组和二维数组的定义和使用方法。

（2）掌握字符数组和字符串函数的用法。

【实验内容】

1. 采用冒泡排序方法，对 10 个数按由小到大的顺序排序。

（1）思路解析。

① 比较相邻的元素。如果第一个比第二个大，就交换它们两个。

② 对每一对相邻元素做同样的工作，从开始第一对到结尾的最后一对。在这一点，最后的元素应该会是最大的数，具体过程如图 6-6 所示。

③ 针对所有的元素重复以上的步骤，除了最后一个，第二趟的排序过程如图 6-7 所示。

④ 持续每次对越来越少的元素重复上面的步骤，直到没有任何一对数字需要比较。

例如有 5 个数：8、5、9、6、3。

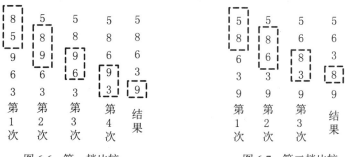

图 6-6　第一趟比较　　　　　　　　图 6-7　第二趟比较

按此规律进行，可知，对 5 个数排序要比较 4 趟。第一趟中比较 4 次，第二趟中比较 3 次......

因此，如果对 n 个数排序，则要进行 $n-1$ 趟比较。第一趟中要进行 $n-1$ 次两两比较，在第 j 趟中要进行 $n-j$ 次两两比较。

（2）程序流程图如图 6-8 所示。

2. 编写程序，分别统计一行字符中英文字母、数字、空格及其他字符的个数。

思路分析：定义一个字符数组并赋初值，然后逐个判断字符数组中每个元素的值，根据其类型决定相应类型字符的个数是否增加。

算法如下。

第一步：定义字符数组 a[100]。

第二步：给字符数组 a 随机赋值（可采用循环结构）。

第三步：采用循环结构，只要 i<100，如果当前数组元素 a[i]的值，判断 a[i]的值属于哪种类型，决定给统计该类型数据个数的变量的值增加 1。

第四步：输出统计结果。

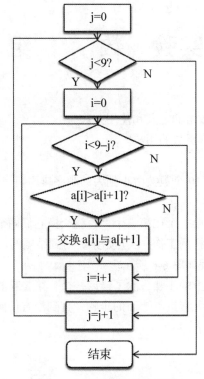

图 6-8　冒泡排序程序流程图

第**7**章
函数

7.1 函数的定义

随着程序功能的不断复杂化，程序的代码量也随之增加，如果把所有代码都写在主函数 main 中，就会使主函数变得庞杂不清，代码的阅读和维护变得异常困难；并且当某功能在程序中要多次出现时，需要重复编写此功能的代码，造成代码的大量冗余。

人类解决复杂问题的方式是将复杂的问题进行分解，即"分而治之"。仿效此思路，C 语言中对要解决的问题也采用"分解组装"的方法，即"模块化程序设计"的思想，将要解决的问题分解成若干个程序模块，每一个模块包括一个或多个函数，每个函数实现一个独立的功能，主函数 main 只需要调用各个函数，即可完成整个问题的求解。

一个 C 程序可由一个 main 主函数和若干个其他函数构成。主函数可以调用其他函数，其他函数也可以相互调用。同一个函数可以被多次调用。图 7-1 所示为一个 C 程序中函数调用的示意图。

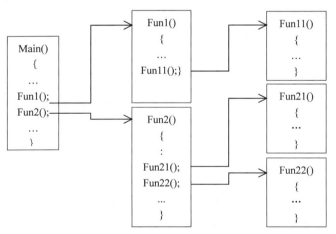

图 7-1　函数调用示意图

7.1.1 引例

【例 7.1】实现一个简单的函数调用，输出以下的结果。

```
---------------------------
This is a C function!
---------------------------
```

思路分析：

利用前面所学知识可以输出上面图形，但是观察图形后，会发现图形上下分别有两条相同的线段，为了避免代码的重复编写，可以单独声明一个函数来输出线段，用主函数调用该函数两次即可。

程序代码：

```c
#include <stdio.h>
void print_line(void)      /*print_line 函数*/
{
int i;
     for (i=1;i<20;i++)
   printf("-");
     printf("\n");
}
int main( )
{
print_line( );
     printf("This is a C function!\n");
     print_line( );
}
```

运行结果：

```
---------------------------
This is a C function!
---------------------------
Press any key to continue
```

说明：

（1）从例 7.1 可看出：对于重复使用的程序段，可以定义一个函数，多处调用，即"一次定义多处调用"。

（2）在 C 语言中，通常用 main 函数作为主函数，描述程序的总体框架，其他函数则作为子模块，完成特定的子功能。

（3）一个 C 源程序文件由一个或多个函数以及其他有关内容（如预处理指令、数据声明与定义等）组成。一个源程序文件是一个编译单位，在程序编译时是以源程序文件为单位进行编译，而不是以函数为单位进行编译。

7.1.2 函数的分类

在 C 语言中，函数可分为以下两类。

（1）标准函数（又称库函数）。库函数由系统预定义好，并封装在头文件中。用户不必自己定义，可以直接使用。例如 printf 函数功能是打印输出，用户直接调用该函数即可，不必了解该函数的具体实现过程。不同的 C 语言编译系统提供的库函数的数量和功能会有一些不同，但基本的函数是共同拥有。

（2）用户自定义函数。程序设计者需要在程序中使用一些功能，而库函数并没有提供相应的函数时，这时用户可以自定义函数。例如针对自己所从事的工作领域可以编写一些专有函数，供本单位人员来使用。在程序设计中要善于利用函数，以减少重复编写代码段的工作量，同时便于实现程序设计的模块化，用户自定义函数为构架复杂的大程序提供了方便。

7.1.3　函数的定义

C 语言要求：在程序中用到的所有函数，必须"先定义，后使用"。那么在函数定义中，需要解决以下问题，以便以后使用函数。

（1）指定函数的名字，以便以后按名调用。

（2）指定函数类型，即函数返回值的类型。

（3）指定函数参数的名字和类型，以便在调用函数时向它们传递数据。

（4）指定函数的功能。根据功能的需要，在函数体内编写代码。

根据上述要求，函数定义的语法格式如下。

```
<函数类型>函数名（[<形式参数列表>]）
{
    函数体;
    [return[(表达式)];]
}
```

说明如下。

（1）函数类型。指定函数返回值的类型。如果函数没有返回值，则用空类型 void 来定义函数的返回值类型。缺省情况为 int 类型。例 7.1 中 print_line 函数为 void 类型，表示没有返回值。

（2）函数名。唯一标识出一个函数的字符串，以便以后按名调用函数，其命名规则同变量完全一样。

（3）形式参数列表。形式参数简称为形参，用来建立调用函数和被调用函数之间的数据传递。当两个函数之间没有要传递的数据时，形参列表用一对空括号或 void 表示"空"。例 7.1 中 print_line 函数定义中形参是 void，表示没有要传递的数据参数。当形参表中有多个形参时，参数之间用逗号隔开，同时需要进行类型说明。

（4）函数体。即函数的功能实现部分，由多条语句构成。如果函数体没有任何内容，则该函数称为空函数，但后面括号不能省略。

（5）return(表达式)。return 语句将括号内表达式的值返回给调用程序。return 后面的括号可以省略。对于不带返回值的函数，可以省略 return 语句或只写 return 来表示，例 7.1 中 print_line 函数没有返回值，所以省略 return 语句。

【例 7.2】编写一个程序，从键盘输入立方体的长、宽、高，在屏幕上输出立方体的体积。

思路分析：

定义一个函数用来计算立方体的体积，main 主函数调用该函数。

程序代码：

```
#include<stdio.h>
float volume(float p_length,floatp_width,floatp_height)
{
    float v;
    v= p_length* p_width* p_height;
    return(v);
}
int main()
{
    float length, width, height;
```

```
    printf("请输入立方体的长,宽及高: ");
    scanf("%f%f%f",&length, &width, &height);
    printf("立方体的体积为%f\n", volume(length,width,height));
    return 0;
}
```

运行结果:

说明:

（1）函数 float volume(float p_length,floatp_width,floatp_height)，函数返回值类型为 float，函数名为 volume；形参有 3 个，分别为 p_length、p_width 和 p_height，同时需要逐个声明类型为 float，3 个形参的作用是分别接受主函数传过来的立方体长、宽和高数据。return(v)将变量 v 的值返回给 main 函数。

（2）所有函数的定义都是平行的，即每个函数的定义互相独立。一个函数并不从属于另一个函数，函数不能嵌套定义，如本例中的 main 函数和 volume 函数。

7.2 函数的调用

函数定义好后，就可以由其他函数来调用，函数如果不调用是发挥不了任何作用的。函数间可以相互调用，但不能调用 main 主函数。Main 主函数由操作系统来调用的。函数定义如果出现在函数调用之后时，还需要先进行函数的声明。函数间的数据传递包括参数传递和函数的返回值。

7.2.1 调用函数

函数调用的一般形式如下。

函数名（实际参数列表）

说明:

（1）实际参数列表（简称为实参）。实参的作用是调用该函数时将实参的值传递给对应的形参，从而实现主调程序向被调程序传递数据。

（2）实参可以是常量、变量或表达式。实参的个数、类型与形参列表应匹配，实参和形参按照位置一一对应传递数据，如果实参和形参的类型不一致，则会发生数据类型转换，系统将实参类型自动转换为形参类型，因此有可能损失精度，甚至出现错误。

（3）如果不需要实参，则实参列表是空的，但括号不能省略。如果实参有多个，则各参数之间用逗号分隔。

（4）函数的调用语句可以作为一个独立的语句出现，也可以作为语句的一部分来使用。如例 7.1 中函数 print_line 的调用是作为一行语句出现；例 7.2 中函数 volume 调用是作为 printf 语句的一部分出现。

【例 7.3】调用库函数求一个数的平方根。

思路分析:

利用库函数 sqrt 求某数的平方根。

程序代码：

```
#include <math.h>              /*数学库函数*/
#include <stdio.h>             /*输入输出库函数*/
int main()
{
    double x=4.0,result;
    result=sqrt(x);
    printf("The square root of %lf is %lf\n",x,result);
    return 0;
}
```

运行结果：

```
The square root of 4.000000 is 2.000000
Press any key to continue
```

说明：

（1）调用库函数时应注意：函数形参的数目和顺序，及各形参的类型和含义；函数返回值的类型和含义。

（2）库函数调用时要帮助编译系统找到库函数所在的目标文件，因此在调用标准库函数时，需要在当前源文件的头部添加#include "头文件"或#include <头文件>。

【例 7.4】编写一个 Power 函数，用来计算一个整数的正整数次幂，并计算 3^6 的值。

思路分析：

定义编写一个 Power 函数，用来求出 x 的 n 次幂。主函数 main 调用 Power 函数时通过实参传递数据，从而计算 3^6 的值。

程序代码：

```
#include<stdio.h>
/*求幂*/
long power(intx,int n)
{
    int i;
    long product;
    product=1;
    for(i=1;i<=n;i++){
        product=product*x;
    }
    return product;
}
int main (void)
{
    int w=3;
    long result;
    result=power(w,6);
    printf("结果=%ld\n",result);
    return 0;
}
```

运行结果：

```
结果=729
Press any key to continue
```

说明：

（1）函数 power 的定义。包括两个整数类型的形参 x 和 y，power 前面的 long 表示该函数的

返回值类型是长整型。语句 return product 将变量 product 的值作为函数的返回值，返回给 main 主函数。

（2）调用过程的执行流程。主函数 main 调用函数 power 的执行流程如图 7-2 所示。

Step1:当主函数 main 执行到函数 power 时，主函数执行中断，系统记住当前中断的位置，并将函数的实参值传递给对应的形参。

过程的执行流程图

Step2:执行函数 power，当执行到 return 语句时，系统返回到主函数 main 的中断处，同时将返回值赋值给变量 result。

Step3:执行主函数 main 余下的语句，直到 return 0。

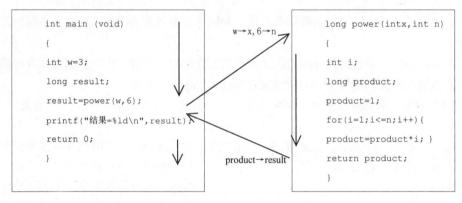

图 7-2　例 7.4 执行流程图

7.2.2　函数调用时的数据传递

函数调用时的数据传递通过参数传递和函数返回值来实现。

1. 参数传递

参数传递是指在形参和实参之间进行的数据传递。形参在该函数没有被调用前是没有值的。形参的值要等到函数被调用时，由实参传递过来，即形参从实参得到值，称为参数传递，常称为"虚实结合"。

在参数传递中，形参和实参不是靠名称相同来传递对应数据，而是按位置传递对应数据，并且要求实参和形参在数据类型相同或兼容、个数和顺序上一一对应，否则，在编译或运行中将会报错。

参数传递的方式既可以是"值传递"，也可以是"地址传递"。

（1）按传值方式传递参数时，系统为对应的形参分配相应的内存空间，并将实参的值传递给形参后，实参与形参就断开了联系。即使在函数体内改变了形参的值，也不会影响到实参。数据传递方向是从实参到形参，单向传递。

（2）按地址方式传递参数时，要求实参必须为变量的地址，将该地址传给对应的形参，此时实参和形参指向同一内存单元。如果在函数体内修改了形参值，这些值的变化会影响到实参。所以参数之间的数据传递是双向传递。例如：数组名作参数时就是按传地址方式，传递的是数组首元素的地址。

2. 函数的返回值

通常希望通过函数调用能返回一个确定的值，这就是函数的返回值。函数的返回值是通过函数中的 return 语句获得的。在一个函数中允许使用一个或多个 return 语句，程序执行到其中一个 return 即返回到调用函数。

Return 语句中返回值的类型应与函数定义时指定的类型一致。如果不一致，则以函数定义的类型为准；对于数值型数据，当出现不一致时，系统会按照赋值规则自动进行类型转换。

【例 7.5】输入两个整数，要求输出其中值较大者。要求用函数来找到大数。

思路分析：

（1）设计一个 max 函数，求两个整数最大值。形参设计两个，分别从主函数接收两个整数，并且参数的类型是整型。

（2）由于给定的两个数是整数，返回值类型也应是整型。

程序代码：

```c
#include <stdio.h>
int max(intx,int y)
{
    int z;
    z=x>y?x:y;
    return(z);
}
int main()
{ inta,b,c;
    printf("two integer numbers: ");
    scanf("%d,%d",&a,&b);
    c=max(a,b);
    printf("max is %d\n",c);
}
```

运行结果：

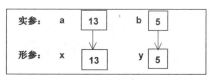
```
two integer numbers: 13,5
max is 13
Press any key to continue
```

说明：

（1）在 max 函数中指定的形参，在未出现函数调用时，它们并不占内存中的存储单元。在发生函数调用时，函数 max 的形参被临时分配内存单元，并将对应的实参值传递过来，例 7.5 中参数传递如图 7-3 所示，实参 a 和 b 的值对应传给形参 x 和 y。

```
实参：   a  | 13 |      b  | 5 |
               |               |
               ↓               ↓
形参：   x  | 13 |      y  | 5 |
```

图 7-3　例 7.5 参数传递示意图

（2）如果在一个被调用函数中修改参数的值，形参的值发生改变，但不会改变主调函数中对应实参的值。例 7.5 中函数 max 中修改变量 x 和 y 的值不会影响变量 a 和 b。

（3）调用结束，形参单元被释放；实参单元仍保留并维持原值，没有改变。

（4）函数中形参的设计原则：要充分考虑函数的输入输出情况。例 7.5 中函数 max 要完成两个整数的比较，应该为该函数提供两个整数以便比较，所以设计两个整数类型的形参变量；同时函数输出一个整数（最大值），这可以通过函数的返回值实现。

7.2.3 函数的声明

如果函数定义出现在函数调用之后，必须要提前进行函数声明。否则编译系统遇到一个未知的函数调用，无法检查该函数调用格式是否与函数定义一致，将会报错。函数声明又称为函数原型，具体语法格式如下。

<函数类型>函数名（[<形式参数列表 1>]）;

说明：

（1）函数的使用遵循"先声明后使用"的原则，以保证函数调用的正确性。如果在每个函数中都加入所需函数的声明，代码过于繁琐，一般建议函数声明可以放在源程序的开始位置，这时源程序中的所有函数都可以使用此函数。

（2）函数的声明语句和函数定义中的函数头格式基本相同，区别是：函数声明为一语句，其末尾必须以分号结束。

（3）对库函数的声明，需要在当前源文件的头部添加#include "头文件"或#include <头文件>。

【例 7.6】移动例 7.5 中 max 函数到文件最后，在 main 函数中加入函数声明语句。

程序代码：

```
#include <stdio.h>
int max(intx,int y);              /*注意一定不要漏掉分号*/
int main()
{
    inta,b,c;
    printf("two integer numbers: ");
    scanf("%d,%d",&a,&b);
    c=max(a,b);
    printf("max is %d\n",c);
}
int max(intx,int y)              /*此处为函数头，末尾不能出现分号*/
{
    int z;
    z=x>y?x:y;
    return(z);
}
```

运行结果：

```
two integer numbers: 5,24
max is 24
Press any key to continue
```

说明：

max 函数移到 main 函数后面，所以要在文件头加入函数声明代码 int max(intx,int y)，其目的是告诉编译器，max 函数已经存在，并可以使用。在小程序的开发过程中，一般将所有函数的声明放在源程序的开始位置。当开发大的程序时，一般将所有公用函数的声明保存在独立的头文件（.h）中，然后通过#include 指令将函数声明包含在当前文件中。

7.3　函数的嵌套和递归调用

C 程序全部都是由函数组成的，除 main 主函数外，每个函数之间都是平等和独立的。彼此可以相互调用，亦可调用自身。正是函数之间的层层调用，最终完成复杂的程序功能。

7.3.1　函数的嵌套调用

嵌套调用是指在一个函数中调用另一个函数（不包括调用自身），main 函数可以调用 function1，function1 再调用 function2，而 function2 又可以调用 function3，等等。原则上，函数嵌套的层数没有限制。

【例 7.7】求 3 个数中最大数和最小数的差值。用函数的嵌套调用来处理。

思路分析：

main 中调用 dif 函数，求 3 个数中最大数和最小数的差值。

dif 中调用 max 函数，求 3 个数中最大数。

dif 中调用 min 函数，求 3 个数中最小数。

程序代码：

```
#include <stdio.h>
intdif(intx,inty,int z);
int max(intx,inty,int z);
int min(intx,inty,int z);
void main()
{  inta,b,c,d;
    scanf("%d%d%d",&a,&b,&c);
    d=dif(a,b,c);
    printf("Max-Min=%d\n",d);
 }
int dif(intx,inty,int z)
{  return max(x,y,z)-min(x,y,z); }
int max(intx,inty,int z)
 {   int r;
      r=x>y?x:y;
      return(r>z?r:z);
 }
int min(intx,inty,int z)
 {   int r;
      r=x<y?x:y;
      return(r<z?r:z);
 }
```

运行结果：

```
5 7 4
Max-Min=3
Press any key to continue
```

说明：

（1）图 7-4 所示为函数之间调用示意图。

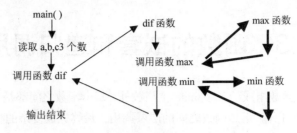

图 7-4 例 7.7 函数调用示意图

（2）在程序的开始部分对调用的 3 个函数做声明，这样后面的函数就可以直接调用，不再重复声明。

（3）dif 程序中只有一行代码：return max(x,y,z)-min(x,y,z)，执行流程如下。

① 当遇到 max 函数，调用 max 函数求出最大值后，将最大值返回到上一级函数的调用点，程序继续执行后面代码。

② 遇到 min 函数，同理求出最小值，程序返回到上一级函数的调用点。

③ 此时完成减法运算，并将结果返回到 main 函数中。

　　　函数的嵌套不是在一个函数中定义另一个函数，而是在函数的定义中调用其他函数。

7.3.2 函数的递归调用

在调用一个函数的过程中出现直接或间接地调用该函数自身，称为函数的递归调用。许多数学函数、算法或数据结构都具有递归的特性，因此，用递归调用描述它们会非常方便。

图 7-5 所示为直接递归和间接递归调用方式。

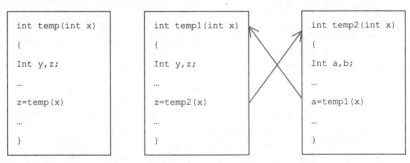

（a）直接递归　　　　　　　　（b）间接递归

图 7-5　直接递归和间接递归调用方式

显然，图 7-5 中所示的递归有可能陷入无限递归状态，最终导致错误。递归的调用应该是有限次数、可以终止的，即有递归结束条件，因此，设计一个递归问题必须具备两个条件。

（1）递归有结束条件及结束时的值。

（2）问题能用递归形式表示，并且递归向结束条件发展。

【例 7.8】用递归方法求 *n*!。

思路分析：

求 *n*!可以用递归方法，即 5!等于 5*4!，而 4!=4*3!，…,1!=1，简化成下面递归表达式。

$$n! = \begin{cases} n! = 1 & (n = 0, 1) \\ n \cdot (n-1)! & (n > 1) \end{cases}$$

求 n 的阶乘中递归结束条件是 $n=0,1$ 时，有确定值 1，满足了递归问题第一个条件；为了求 n 的阶乘要调用求 $n-1$ 的阶乘，即调用一个函数的过程中出现直接调用该函数本身，满足了设计递归问题的第二个条件。

程序代码：

```c
#include <stdio.h>
intfac(int n)
{   int f;
    if(n<0)  printf("n<0,data error!");
    else if(n==0||n==1)  f=1;
    else f=n*fac(n-1);
    return(f);
}
main()
{   int n, y;
    printf("Input a integer number:");
    scanf("%d",&n);
    y=fac(n);
    printf("%d! =%15d\n",n,y);
}
```

递归方法求 n!

运行结果：

```
Input a integer number:5
5! =          120
Press any key to continue
```

说明：

（1）一个递归问题可以分为"递推"和"回溯"两个阶段。图 7-6 所示为调用递归函数 fac(5) 的过程示意图。函数执行可分成两个阶段：第 1 阶段是"递推阶段"，即将求 5!表示为求 4!，求 4!表示为求 3!，直到求 1!。此时 1!已有确定的值，不必再向前推。然后开始第 2 个阶段，即回溯阶段，从 1!推算 2!，从 2!推算 3!，直到返回最顶层 5!。

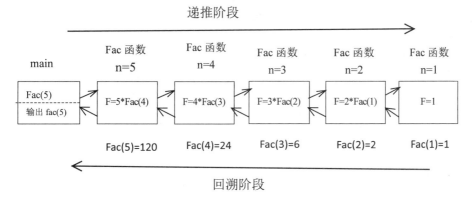

图 7-6 求 fac(5)的执行过程

（2）从图 7-6 可以看出，"递推阶段" fac 函数被调用 5 次，即 fac(5)，fac(4)，fac(3)，fac(2)，fac(1)，除 fac(5)由 main 函数调用外，其他都是在 fac 函数内部调用，体现了递归的特点。注意每次调用 fac 函数时形参名一样，但传递的实参值是不一样的，分别是 5,4,3,2,1，不同层次调用的形参不会互相混淆。如调用 fac(2)，执行代码 f=n*fac(n-1)时，带入实参 n 的值，即 f=2*fac(1)。

（3）"回溯阶段"函数调用结束返回时，应该返回到上级函数的调用点。如当 n=3 时，调用 fac(2)函数，fac 函数执行结束后返回到原来的调用点，并且带回的返回值为 2，即取代 f=3*fac(2) 中的 fac(2)，得到 f=3*2=6，然后依次回溯，直到返回到主函数 main。

（4）试考虑：在上述 fac 函数中，若少了 else if(n==0||n==1)   f=1，程序运行结果将如何？

前面我们学过利用循环结构来实现求 *n*!的方法，改为递归方法解决问题的优点是：简化程序设计；能更自然地反映问题，使程序更容易理解。但是递归增加了系统开销，每次递归调用都会生成函数的另一个副本（实际上只是函数变量的另一个副本），从而消耗大量内存空间。非递归效率高，但是程序可读性差；大多数递归函数都能用非递归函数来代替。

7.4　数组作为函数参数

如同普通变量一样，在 C 语言中我们也能够将数组元素甚至整个数组作为参数传递给函数。数组元素的作用与变量相当，因此数组元素作为函数实参时，其用法与变量相同。数组名也可以做实参和形参，传递的是数组首元素的地址。

7.4.1　数组元素作函数实参

数组元素可以用作函数实参，不能用作形参。数组元素作实参时，是"按传值方式传递"，数据传递方向是从实参传递数据给形参的单向传递。

【例 7.9】输入 10 个整数，要求输出其中值最小的元素及其下标。

思路分析：

（1）可以定义一个数组 a，长度为 10，用来存放 10 个数，设计一个函数 FindMin，用来求两个数中最小的数，函数 FindMin 中声明两个整型的形参。

（2）在 main 主函数中定义一个变量 min，首先将 a[0]赋值给 min，然后从数组第二个元素开始依次与 min 比较，如果比 min 小，就修改 min 的值，否则 min 值不变。最后得到的 min 值就是最小值。同时增加一个变量 imin，保存与 min 相对应的元素下标。

程序代码：

```
#include <stdio.h>
int main()
{ intfindmin(intx,int y);
   int a[10],min,imin,i;
   printf("10 integer numbers:\n");
   for(i=0;i<10;i++)
      scanf("%d",&a[i]);
   printf("\n");
   for(i=1,min=a[0],imin=0;i<10;i++)
   {  if (min>findmin(min,a[i]))
         {min=findmin(min,a[i]);
         imin=i;
         }
   }
   printf("the minimum number is %d\n",min);
```

```
    printf("%dth number.\n",imin);
}
intfindmin(intx,int y)
{  return(x<y?x:y);  }
```

运行结果：

说明：

（1）本题的目的是介绍如何利用数组元素作为函数的实参，也可以不用函数而在主函数中直接用 if(min<a[i])代码直接求两个数的最小数。

（2）数组元素作实参时，按传值方式传递。如果在函数体内修改 x 和 y 的值，不会影响实参 min 和 a[i]。

7.4.2 数组名作函数参数

用数组名作实参时，由于数组名代表一段数据存储区域的起始地址，实参向形参传递的是数组首元素的地址。

【例 7.10】有一个包含 10 个整数的一维数组，要求找出数组元素中最小数并与第一个数组元素交换。

思路分析：

本题定义一个函数 setFirst，用来找出最小数的数组元素并与第一个数组元素交换，该函数不用数组元素作为函数实参，而是用数组名作为函数实参。

程序代码：

```
#include <stdio.h>
  int main()
  { voidsetFirst(int array[10]);
  int a[10]={65,5,89,75,88,42,52,1,58,12};
  int i;
  printf("The init array:\n");
  for (i=0;i<10;i++)
printf("%d  ",a[i]);
  printf("\nThe result array :\n");
  setFirst(a);
  for (i=0;i<10;i++)
printf("%d  ",a[i]);
  printf("\n");
  return 0;
}
voidsetFirst(int array[10])
{  inti,imin;
  int min=array[0],temp;
  for(i=1;i<10;i++)
      if (array[i]<min)
    {
  min=array[i]; imin=i;
    }
```

```
temp=array[0];array[0]=array[imin];array[imin]=temp;
return ;
}
```
运行结果：

```
The init array:
65  5  89  75  88  42  52  1  58  12
The result array :
1  5  89  75  88  42  52  65  58  12
Press any key to continue
```

说明：

（1）从运行结果可以看到函数执行前实参数组 a 的值，调用函数时，将实参 a 的值对应传递给形参 array 数组，函数执行后数组 a 的值发生变化，说明在函数体内形参数组 array 的改变影响实参数组 a，这也验证了数组名作参数时传递地址，数据传递方向是双向传递。

（2）图 7-7 所示为例 7.10 参数传递示意图。实参数组 a 的首元素地址传递给形参数组 array，这样两个数组就共占有同一段内存单元，形参数组中各元素的改变会使实参数组元素的值同时发生改变。

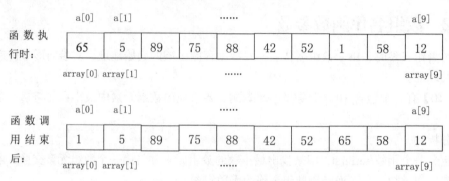

图 7-7　例 7.10 参数传递示意图

【例 7.11】用选择法对数组中 10 个整数按由小到大的顺序排序。

思路分析：

选择法排序是最为简单且易理解的算法，基本思想是：每次在若干个无序数中找到最小数（按递增排序），并与第一个无序数交换。每比较一轮，找出一个未经排序的数中最小数，10 个数共比较 9 轮就能完成排序。图 7-8 所示为以 6 个数为例说明选择排序的步骤。

整数排序

第一轮比较将 a[0] 到 a[5] 中最小的数与 a[0] 对换；第二轮将 a[1] 到 a[5] 中最小的数与 a[1] 对换，依此类推，每比较一轮，找出未排序的数中最小数；一共经过 5 轮同样的操作就能完成排序。

	a[0]	a[1]	a[2]	a[3]	a[4]	a[5]
原始数据	8	6	9	3	2	7
第 1 轮比较：	2	6	9	3	8	7
第 2 轮比较：	2	3	9	6	8	7
第 3 轮比较：	2	3	6	9	8	7
第 4 轮比较：	2	3	6	7	8	9
第 5 轮比较：	2	3	6	7	8	9

图 7-8　选择法排序过程示意图

程序代码:

```
#include <stdio.h>
int main()
{ void sort(int array[10],int n);
  int i;
  int a[10]={65,5,89,75,88,42,52,1,58,12};
  printf("The init array:\n");
  for (i=0;i<10;i++)
printf("%d ",a[i]);
  sort(a,10);
  printf("\nThe sorted array:\n");
  for(i=0;i<10;i++)  printf("%d ",a[i]);
  printf("\n");
  return 0;
}
void sort(int array[],int n)
  { inti,j,imin,min,temp;
    for(i=0;i<n-1;i++)
    { imin=i;
  min=array[i];
      for(j=i+1;j<n;j++)
       if (array[j]<min) {
  min=array[j]; imin=j;
   }
    temp=array[i];
    array[i]=array[imin];
    array[imin]=temp;
    }
 }
```

运行结果:

```
The init array:
65  5  89  75  88  42  52  1  58  12
The sorted array:
1  5  12  42  52  58  65  75  88  89
Press any key to continue
```

说明:

C 语言中允许形参和实参数组在定义时长度不同,调用时只传送数组的首地址而不检查数组的长度。因此在函数形参中可以不给出形参数组的长度,或用一个变量来表示数组元素的个数。例 7.11 中函数 sort 的定义:void sort(int array[],int n),其中形参数组 array 没有给出长度,其长度由另一个参数 n 决定。

【例 7.12】有一个 3×4 的矩阵,求所有元素之和。

思路分析:

(1)本题涉及多维数组作为函数参数,同一维数组一样,多维数组名也可以作为函数的实参和形参,参数也是按地址传送,传送的是数组首元素的地址。

(2)定义一个变量 sum,利用循环将矩阵中的各个元素累计到 sum 上,即得到全部元素之和。

程序代码:

```
#include <stdio.h>
int main()
{ intsum_value(intMatrix [][4]);
  void diplayMatrix(int Matrix[][4]);
```

```
    int a[3][4]={{1,3,5,7},{2,4,6,8},{15,17,34,12}};
    printf("Original matrix:\n");
    diplayMatrix(a);
    printf("sum value is %d\n", sum_value(a));
    return 0;
}
void diplayMatrix(int Matrix[][4])
{
int row,column;
for (row=0;row<3;row++) {
for (column=0;column<4;column++)
printf("%5i",Matrix[row][column]);
printf("\n");
}
}
intsum_value(int Matrix[][4])
{  int row,column,sum;
sum=0;
    for (row=0;row<3;row++) {
for (column=0;column<4;column++)
                    sum = sum+Matrix[row][column];
}
    return (sum);
}
```

运行结果：

```
Original matrix:
     1     3     5     7
     2     4     6     8
    15    17    34    12
sum value is 114
Press any key to continue
```

说明：

本题中设计两个函数，函数 diplayMatrix 显示矩阵全部数据，函数 sum_value 计算矩阵所有元素之和。在函数调用时形参 Matrix 数组得到实参 array 数组的起始地址，形参定义时可以指定大小，也可以省略第一维的大小，但第二维大小不能省略，并且要与实参数组第二维大小相同。只有形参和实参两个数组的第二维大小相同时，系统就可以根据数组首地址计算出数组第二行的起始地址，所以参数定义时数组第二维大小不能省略。

7.5 变量的作用域和存储类型

变量由于声明位置不同，可被访问的范围也不同。变量被访问的范围称为变量的作用域。根据变量的作用域不同，可分为局部变量和全局变量。变量在内存中存储的位置决定了变量的生存寿命，即变量存在的时间（生存期），也称为变量的存储类型，分为静态存储方式和动态存储方式。

7.5.1 变量的作用域

变量的作用域是指一个变量能够被访问的程序范围。也就是说，一个变量定义好之后，在何处能够使用该变量。在 C 语言中，变量的作用域是由变量定义的位置决定的，不同的位置定义的变量，其作用域是有差异的。

变量的作用域分为：局部变量和全局变量。

1. 局部变量

在函数或复合语句内部定义的变量称为"局部变量"。该变量只在本函数或复合语句内部范围内有效。

2. 全局变量

在函数外定义的变量称为全局变量。全局变量的作用域是其定义点之后的程序部分。

分析图 7-9 中变量的作用域范围。

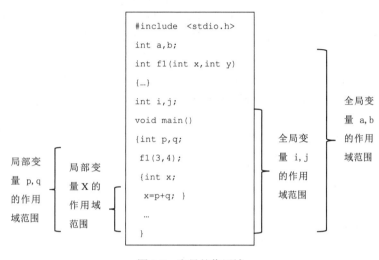

图 7-9　变量的作用域

　图 7-9 中，局部变量 x 是在复合语句块中声明，可以使用的范围是在该语句块内，作用域最小；局部变量 p,q 是在 main 函数中声明，虽然 main 中调用 f1 函数，但能使用的范围只是在 main 函数中，函数 f1 中无法直接访问；变量 i,j 和 a,b 是在函数外声明，称为全局变量。全局变量的作用域是从其定义点之后一直到源程序结束。

【例 7.13】在不同的函数中使用相同的变量名的程序。

思路分析：

本题涉及多个变量，分析当局部变量和全局变量同名时出现的效果；当多个局部变量同名时，它们之间是否存在联系。

程序代码：

```
#include <stdio.h>
int a=3;
int main()
{ void data(void);
   int a=8,t=5;
   printf("a in main=%d t in main=%d\n",a,t);
   data();
   return 0;
}
void data(void)
{ int t=10;
    printf("a in data=%d t in data=%d\n",a,t);
```

```
        return;
    }
```
运行结果：

```
a in main=8 t in main=5
a in data=3 t in data=10
Press any key to continue
```

说明：

程序中首先声明全局变量 a，在 main 函数中又声明一个局部变量 a，这时，全局变量被屏蔽，即不起作用，局部变量有效，所以变量 a 在 main 函数中和 data 函数中分别输出值 8 和 3。main 函数和 data 函数中都声明变量 t，它们的作用域范围不同，虽然同名，但二者之间并无联系。

【例 7.14】修改例 7.12，利用全局变量在函数之间传递数据。

思路分析：

例 7.12 中，main、diplayMatrix 和 sum_value 3 个函数都使用到数组 a[3][4]，可以把数组 a 定义为全局变量，函数调用时不用再进行参数传递。

程序代码：

```
#include <stdio.h>
int a[3][4]={{1,3,5,7},{2,4,6,8},{15,17,34,12}};
int main()
{ int sum_value();
void diplayMatrix();
    printf("Original matrix:\n");
    diplayMatrix(a);
    printf("sum value is %d\n", sum_value(a));
    return 0;
}
void diplayMatrix()
{
int row,column;
for (row=0;row<3;row++) {
for (column=0;column<4;column++)
printf("%5i",a[row][column]);
printf("\n");
}
}
intsum_value()
{  int row,column,sum;
sum=0;
    for (row=0;row<3;row++) {
for (column=0;column<4;column++)
                    sum = sum+a[row][column];
}
    return (sum);
}
```
运行结果：

```
Original matrix:
    1    3    5    7
    2    4    6    8
   15   17   34   12
sum value is 114
Press any key to continue
```

说明：

（1）设置全局变量的作用是增加了函数间数据联系的渠道。同一文件中的所有函数都能引用该全局变量的值。当函数调用时需要返回多个值时，可以利用增加全局变量的方法。

（2）建议尽量不要使用全局变量，因为全局变量破坏了函数的封装性能。当多个函数使用全局变量时，全局变量加强函数模块之间的数据联系，多个函数的执行同时要依赖这些全局变量，使得函数的独立性降低。并且全局变量的值随时发生变化，对程序的差错和调试都不利。

7.5.2 变量的存储类型

内存中可供使用的存储空间分为程序区、静态存储区和动态存储区，图 7-10 所示为内存示意图。存储在静态存储区的变量，在编译时就分配存储单元并一直保持不释放，直至整个程序结束，如全局变量。存储在动态存储区的变量，在程序执行过程中，使用完毕立即释放，如函数的形参。

在定义和声明变量时，一般在指定其数据类型的同时，要指定存储类型，如果用户不指定，系统会隐含地指定为某一种存储类型。C 语言中，变量的存储类型包括静态存储方式和动态存储方式两类，可进一步细分为：auto（自动的）、extern（外部的）、static（静态的）、register（寄存器的）。自动变量和寄存器变量属于动态存储方式，存储在动态存储区；外部变量和静态变量属于静态存储方式，存储在静态存储区。

图 7-10　内存示意图

变量声明定义的完整语法格式如下。

存储类型说明符 数据类型说明符 变量名,变量名…；

举例如下。

```
static int iA,iB;        声明定义静态类型变量
auto char cA,cB;        声明定义自动字符变量
register int iK=1;       声明定义寄存器变量
extern int iX,iY;       声明外部整型变量
```

1. 自动变量 auto

自动存储变量属于动态存储方式，存放在动态存储区，进入该变量声明的作用域时存在，离开该作用域时删除；函数的参数和局部变量都属于自动存储类，自动存储是变量的默认状态，若不赋初值则没有明确的值。如下面代码中的变量 iA、iB 和 iC 都是自动变量的存储类型，3 个变量作用域在 max 函数中，离开 max 函数时变量就不存在。

```
int max( int iA,int iB )
{
auto int iC ;
if(iA>iB)   return iA;
else    return iB;
}
```

2. 外部变量 extern

外部变量的定义位于函数之外，即全局变量，一个全局变量只能定义一次，却可以多次引用。如果在变量定义点之前的函数想引用该全局变量，则应在引用前加关键字 extern，对该变量做"外部变量声明"。

当一个源程序由若干个源文件组成时，在一个源文件中定义的外部变量希望在其他的源文件中也被引用。如图 7-11 所示，变量 iA 和 iC 的作用域扩展到 file2.c 文件；这样在 file2.c 文件中可以使用外部变量 iA 和 iC。

```
File1.C                           File2.C
int iA; /*外部变量定义*/           extern int iA; /*外部变量说明*/
char iC; /*外部变量定义*/          extern char iC; /*外部变量说明*/
int main()                        function(int iX)
{ …… }                            { …… }
```

图 7-11　外部变量作用域扩展

3. 静态变量 static

用关键字 static 声明的局部变量为静态局部变量；静态局部变量存放在静态数据区，生存期为整个程序，程序运行期间始终占用内存单元，能一直保留值，但变量的作用域受限，还是局部变量，只在定义该变量的函数中使用。

全局变量的作用域是整个程序，如果前面加 static，该全局变量变为静态外部变量后，只能在定义该变量的源文件内使用，其他文件中不能使用，这样可以避免在其他源文件中修改该变量。

【例 7.15】考虑下面代码中静态局部变量的值

思路分析：

本例题要求用户重点体会静态局部变量的特点。

程序代码：

```c
#include <stdio.h>
void f()
{
    int iA=2;
    static int iB=1;
    iA++;
    iB++;
    printf("iA=%d\n",iA);
    printf("iB=%d\n",iB);
}
int main()
{
    f();
    f();
    return 0;
}
```

运行结果：

```
iA=3
iB=2
iA=3
iB=3
Press any key to continue
```

说明：

（1）函数 f 中声明两个变量 iA 和 iB，都属于局部变量，进入函数 f 时存在，离开函数 f 时被释放。变量 iA 的存储类型属于自动变量 auto，所以每次调用函数 f，变量 iA 都重新赋初值 2；而变量 iB 为静态变量，程序运行期间始终保留值，所以第一次调用结束时变量值为 2，第二次调用在此基础上加 1，值为 3。

（2）静态局部变量生存期和全局变量相同，作用域和局部变量相同。当多次调用一个函数且要求在调用之间保留某些变量的值时，可以考虑采用静态局部变量或全局变量。由于全局变量作用域范围大、冗余造成意外的副作用，因此一般采用局部静态变量为宜。

（3）如果变量初始化后，以后使用变量只被引用而不改变其值，则这时用静态局部变量比较方便，以免每次调用时重新赋值。但是应该看到，用静态存储要多占内存，而且降低了程序的可读性，当调用次数增多时往往弄不清静态局部变量的当前值是什么，因此，如不必要，不要多用静态局部变量。

4. 寄存器变量 register

寄存器变量存放在 CPU 的寄存器中，使用时不需要访问内存，直接从寄存器中读写以提高效率。寄存器变量的说明符是 register。循环次数较多的循环控制变量及循环体内反复使用的变量均可定义为寄存器变量。

```
Register iI,iSum=0;
for(iI=1;iI<=100;iI++)
    iSums=iSum+iI;
printf("iSum=%d\n",iSum);
```

7.6　本 章 小 结

函数是 C 语言程序中最主要的结构，使用它可以遵循模块化设计的思想，把一个大的问题分解成若干个小且易解决的问题，从而实现对复杂问题的描述和编程。

C 语言中函数的定义有规定的语法格式，函数定义时不能嵌套。函数的调用是将程序的执行转移到被调用函数中，被调用函数执行完毕后，返回到调用函数中原来的调用点继续执行。函数的定义如果在函数的调用之后，则函数需要先声明后调用。

函数间参数的传递方式有两种：值传递和地址传递，值传递不会影响实参的值；地址传递时，形参的改变影响到实参。除此之外，利用全局变量也可以实现函数间的数据传递。C 程序在被调用函数的执行过程中，又可以调用其他函数，称为函数的嵌套调用。如果函数调用它自身，称为递归调用。递归程序书写精炼、简洁，但执行通常要花较多的时间和存储空间。C 语言中的变量按其作用域不同，可分为局部变量和全局变量；按其存储类型的不同，又可分为静态存储方式和动态存储方式。

习 题 七

编程题

1. 编写求圆的面积的函数，并调用该函数求出圆环的面积。

2. 编写一个函数，该函数的功能是判断一个整数是不是素数（素数是指除了 1 和它本身以外，不能被任何整数整除的数）。在 main 函数中输入一个整数，调用该函数，判断该数是不是素数，若是则输出 "yes"，否则输出 "no"。

3. 编写求 k!的函数，调用该函数求 C(m,n)=m!/(n!*(m-n)!)并输出。

4. 编写判定闰年的函数，并调用此函数求出公元 2000 年到公元 2100 年之间的所有闰年。

5. 编写两个函数分别求两个整数的最大公约数和最小公倍数，用主函数调用两个函数并输出结果，两个整数由键盘输入。

6. 编写字符串复制的函数，并调用此函数复制一个字符串。

7. 编写判断回文的函数，并调用此函数判定一个字符串是否为回文。（回文字符串是指该字符串从左到右读和从右到左读完全一样。)

8. 编写一个函数，在一个有序的数列中插入一个数。插入后，数列仍然维持有序。如果有相同的数，要插入在相同的数的后面。

9. 编写一个函数，用"冒泡法"对输入的 10 个数按由小到大的顺序排列。

10. 编写一个函数，使给定的一个 3×3 的二维整型数组转置，即行列互换。

11. 编写两个函数，分别利用迭代法和递归法求 $X^2-a=0$ 的近似根，要求精度为 10^{-5}，迭代公式为：$X_{n+1}=(X_n+a/X_n)/2$。

12. 编写一个程序，要求用函数实现以下功能。

（1）输入 10 个学生的姓名和学号。

（2）按学号由小到大顺序排序，姓名随着调整。

（3）输入一个学号后，用折半查找找出该学生的姓名。

（4）主函数完成输入某学号和输出相应学生姓名的操作。

实 验 函 数

【实验目的】

（1）掌握函数的定义和调用方法。

（2）掌握形参和实参之间的对应关系。

（3）利用函数实现相应的功能模块。

（4）熟悉函数的嵌套调用和递归调用的方法。

【实验内容】

1. 编写一个函数，该函数的功能是判断一个整数是不是素数（素数是指除了 1 和它本身以外，不能被任何整数整除的数）。在 main 函数中输入一个整数，调用该函数，判断该数是不是素数，若是则输出"yes",否则输出"no"。

（1）思路解析。定义一个函数 isprime，要判断某数 N 是否为素数，最简单的方法是依次从 2 到 $N-1$ 的数去除 N,只要有一个数能整除 N,N 就不是素数；否则 N 是素数。

（2）主函数 main 流程图如图 7-12 所示。isprime 函数的作用是判断素数，流程图如图 7-13 所示。

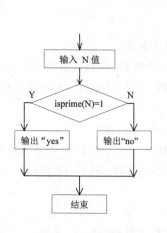

图 7-12　main 流程图

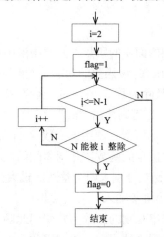

图 7-13　isprime 函数流程图

2．编写一个函数，用"冒泡法"对输入的 10 个数按由小到大的顺序排列。

（1）思路解析

按照模块化的思想，主函数 main 控制程序的执行流程，协调各个函数完成整体任务；另外定义一个函数 Sort 利用冒泡法实现对数组 a 排序功能。

（2）流程图

主函数流程图如图 7-14 所示。Sort 函数的作用是完成排序，数组范围为 a[0]到 a[N]。

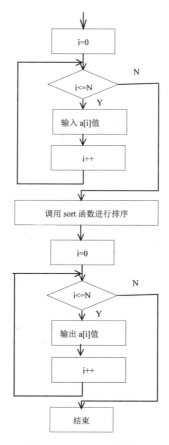

图 7-14　main 流程图

第8章
指针

8.1 指针变量

8.1.1 指针的概念

要了解什么是指针，必须先弄清楚数据在内存中是如何存储的，又是如何读取的。

一般来说，程序中所定义的所有变量，经相应的编译系统处理后，每一个变量都对应计算机内存中的一个地址，即编译系统根据程序中所定义变量的类型，为每一个变量分配相应的内存单元，以便用以存放变量的具体数据。一般来说不同类型的变量分配的内存单元的字节数是不一样的。例如，在 Visual C++ 6.0 环境下的 C 语言中，一个字符型变量占 1 字节；一个一般整型变量占 4 字节，而长整型变量也占 4 字节；对于实型变量，双精度所占的字节数要比单精度所占的字节数多一倍。内存区的每一字节有一个编号，这就是"地址"，它相当于旅馆中的房间号。在地址所标志的内存单元中存放的数据则相当于旅馆房间中居住的旅客。

由于通过地址能找到所需的变量单元，可以说，地址指向该变量单元。打个比方，一个房间的门口挂了一个房间号 2008，这个 2008 就是房间的地址，或者说，2008"指向"该房间，因此，将地址形象化地称为"指针"。意思是通过它能找到以它为地址的内存单元。

请务必弄清楚存储单元的地址和存储单元的内容这两个概念的区别，假设程序已定义了 3 个整型变量 i、j、k，在程序编译时，系统可能分配地址为 2000~2003 的 4 字节给变量 i，2004~2007 的 4 字节给变量 j，2008~2011 的 4 字节给变量 k，如图 8-1 所示。

在程序中一般是通过变量名来应用变量的值。例如：

```
printf("%d\n",i);
```

实际上是通过变量名 i 找到存储单元的地址，从而对存储单元进行存取操作的。程序经过编译以后已经将变量名转换为变量的地址，对变量的存取都是通过地址进行的。

假如有输入语句

```
scanf("%d",&i);
```

在执行时，把键盘输入的值送到地址为 2000 开始的整型存储单元中。

如果有语句

```
k=i+j;
```

则从 2000~2003 字节取出 i 的值（3），再从 2004~2007 字节取出 j 的值（6），将它们相加后再将其和（9）送到 k 所占用的 2008～2011 字节单元中。

这种直接按变量名进行的访问，称为"直接访问"方式。

还可以采用一种称之为"间接访问"的方式，即将变量 i 的地址存放在另一变量中，然后通过该变量来找到变量 i 的地址，从而访问 i 变量。

在 C 语言程序中，可以定义这样一种特殊的变量，用它存放地址。假设定义了一个变量 i_pointer（变量名可任意取），用来存放整型变量的地址。可以通过下面语句将 i 的地址（2000）存放到 i_pointer 中。

```
i_pointer=&i;
```

这时，i_pointer 的值就是 2000（即变量 i 所占用单元的起始地址）。

要存取变量 i 的值，既可以采用直接访问的方式，也可以采用间接访问的方式：先找到存放"变量 i 的地址"的变量 i_pointer，从中取出 i 的地址（2000），然后到 2000 字节开始的存储单元中取出 i 的值（3），如图 8-1 所示。

打个比方，为了打开一个抽屉 A，有两种方法。一种是将 A 的钥匙带在身上，需要时直接找出该钥匙打开抽屉，取出所需的东西。另一种方法是为安全起见，将 A 钥匙放在另一抽屉 B 中锁起来。如果需要打开 A 抽屉，需要先找出 B 钥匙，打开 B 抽屉，取出 A 钥匙，再打开 A 抽屉，取出 A 抽屉中之物，这就是"间接访问"。

图 8-2（a）所示为直接访问，根据变量名直接向变量 i 赋值，由于变量名与变量的地址有一一对应的关系，因此就按此地址直接对变量 i 的存储单元进行访问（如把数值 3 存放到变量 i 的存储单元中）。

图 8-2（b）所示为间接访问，先找到存放变量 i 地址的变量 i_pointer，从其中得到变量 i 的地址（2000），从而找到变量 i 的存储单元，然后对它进行存取访问。

为了表示将数值 3 送到变量中，可以有两种表达式方法。

（1）将 3 直接送到变量 i 所标示的单元中，例如"i=3;"，如图 8-2（a）所示。

（2）将 3 送到变量 i_pointer 所指向的单元（即变量 i 的存储单元），例如"*i_pointer=3;"，其中 *i_pointer 表示 i_pointer 指向的对象，如图 8-2（b）所示。

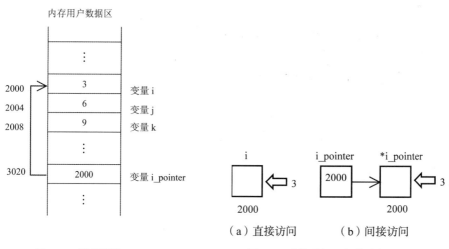

图 8-1　变量存储　　　　图 8-2　直接访问和间接访问

指向就是通过地址来体现的。假设 i_pointer 中的值是变量 i 的地址（2000），这样就在 i_pointer

和变量 i 之间建立起一种联系，即通过 i_pointer 能知道 i 的地址，从而找到变量 i 的内存单元。图 8-2 中以单箭头表示这种"指向"关系。

由于通过地址能找到所需的变量单元，因此说，地址指向该变量单元（如同说，一个房间号"指向"某一房间一样）。将地址形象化的称为"指针"。意思是通过它能找到以它为地址的内存单元（如同根据地址 2000 就能找到变量 i 的存储单元一样）。

一个变量的地址称为该变量的"指针"。例如，地址 2000 是变量 i 的指针。如果一个变量专门用来存放另外一个变量的地址（即指针），则称它为"指针变量"。上述的 i_pointer 就是一个指针变量。指针变量用来存放地址，指针变量的值是地址。

请区分"指针"和"指针变量"这两个概念。变量的指针就是变量的地址，而指针变量是存放地址的变量。

8.1.2 指针变量的定义与引用

1. 指针变量的定义

定义指针变量的一般形式如下。

类型标示符 *指针变量名;

例如以下说明语句。

```
int *p,*q;
```

左端的 int 是在定义指针变量时必须指定的"基类型"。指针变量的基类型用来指定此指针变量可以指向的变量的类型。例如，上面定义的基类型为 int 的指针变量 p 和 q，可以用来指向整形变量，但不能指向浮点型变量。

下面都是合法的定义。

```
float  *s,*t;
char   *pt1,*pt2;
```

2. 指针变量的引用

在引用指针变量时有 3 种情况。

（1）给指针变量赋值。如下。

```
p=&a;          //把 a 的地址赋给指针变量 p
```

指针变量 p 的值是变量 a 的地址，p 指向 a。

（2）引用指针变量指向的变量。

如果已执行"p=&a;"，即指针变量 p 指向了整形变量 a，则

```
printf("%d",*p);
```

其作用是以整数形式输出指针变量 p 所指向的变量的值，即变量 a 的值。

如果有以下赋值语句。

```
*p=1;
```

表示将整数 1 赋值给 p 所指向的变量，如果 p 指向变量 a，则相当于把 1 赋值给 a。

（3）引用指针变量的值。如下。

```
printf("%o",p);
```

作用是以八进制数形式输出变量 p 的值，如果 p 指向了 a，就是输出 a 的地址。

要熟练掌握以下两个相关的运算符。

（1）& 取地址运算符。

（2）* 指针运算符，*p 代表指针变量 p 所指向的对象。

3. 对指针变量的几点说明

（1）指针变量名前的"*"表示该变量为指针变量，而指针变量名不包含该"*"。如下。

```
int *s;
```

说明 s 是指针变量，用于其他整型变量的地址。但不能说*s 是指针变量。

（2）一个指针变量只能指向同一类型的变量。例如，下列用法是错误的。

```
int *p;
double y;
p=&y;
```

这是因为所定义的指针变量 p 是一个只能指向整型变量的指针，它不能指向双精度类型的变量 y，即整型指针变量中不能存放其他非整型变量的首地址。

（3）指针变量中只能存放地址，而不能将数值型数据赋给指针变量。例如，下列语句是错误的。

```
int *p;
p=100;
```

这是因为，将 100 这个数赋给指针变量 p 以后，如果再对 p 所指向的地址赋值时，实际上就相当于在地址为 100 的内存单元中赋了值，即改变了这个单元中的数据，这就有可能破坏系统程序或数据，因为这个单元中可能存放的是计算机系统程序或数据。

（4）只有当指针变量中具有确定地址后才能被引用。例如，下列用法是错误的。

```
int *p;
*p=5;
```

这是因为虽然已经定义了整形指针变量 p，但是还没有让该指针变量指向某个整型变量，如果此时对指针变量所指向的地址中赋值，则有可能破坏系统程序或数据。而下列用法是合法的。

```
int *p,x;
p=&x;
*p=5;
```

下面是使用指针的例子。

【例 8.1】从键盘输入两个整数给变量 a 与 b，不改变 a 与 b 的值，要求按先大后小的顺序输出 a 与 b。

思路分析：

用指针方法来处理这个问题。不交换整型变量的值，而是交换两个指针变量的值。

程序代码：

```
#include<stdio.h>
int main()
{int *p1,*p2,*p,a,b;
p1=&a;
p2=&b;
printf("please enter two integer numbers:");
scanf("%d,%d",&a,&b);
if(a<b)
  {p=p1;p1=p2;p2=p;}
 printf("a=%d,b=%d\n",a,b);
 printf("max=%d,min=%d\n",*p1,*p2);
 return 0;
}
```

运行结果：

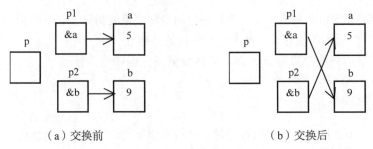

```
please enter two integer numbers:5,9
a=5,b=9
max=9,min=5
Press any key to continue
```

说明：

输入 a=5,b=9，由于 a<b，将 p1 和 p2 交换。交换前的情况如图 8-3(a)所示，交换后的情况如图 8-3（b）所示。

（a）交换前 （b）交换后

图 8-3 交换变量值

在这个例子中，a 和 b 的值并未交换，它们仍保持原值，但是 p1 和 p2 的值改变了。p1 的值原为&a，后来变成&b，p2 原值为&b，后来变为&a。这样在输出*p1 和*p2 时，实际上是输出变量 b 和 a 的值，所以先输出 9 后输出 5。

另外，在这个程序中，由于在输入语句之前，已经将指针变量 p1 指向了变量 a，指针变量 p2 指向了变量 b，因此，程序中的输入语句也可以改为如下形式。

```
scanf("%d,%d",p1,p2);
```

但此时应注意，p1 与 p2 已经表示地址，在它们前面不能再使用取地址运算符&。

8.1.3 指针变量作为函数参数

与普通变量一样，指针变量也可以作为函数参数。利用指针变量作为函数的形参，可以使函数通过指针变量返回指针变量所指向的变量值，从而实现调用函数与被调用函数之间数据的双向传递。

在用指针变量作为函数形参时，其实参也应为指针变量。

用指针变量作为函数参数

当指针作为函数参数时，由于实参是指针，在进行函数调用时，将该地址传递给对应指针类型的形参，此时，在函数执行过程中，如果改变了形参指针所指向的地址中的值，则也就改变了实参指针所指向的地址中的值。在这种情况下，当函数返回时，就将被调用函数中的数据（存放在形参指针所指向的地址中）带回到了调用函数中（存放在实参地址中），因为形参指针所指向的地址与实参地址实际上是同一个地址。

但必须注意，当指针作为形参时，如果在被调用函数中改变了形参指针变量的值（即形参所指向的地址），是不会改变实参值的（即地址）。

下面通过一个例子来说明指针变量作为函数实参时形参与实参之间的结合关系。

【例 8.2】利用指针变量实现两个变量值的交换。

思路分析：

定义一个函数 swap，将两个整形变量的地址作为实参传递给 swap 函数的形参指针变量，在函数中通过指针实现交换两个变量的值。

程序代码：

```
#include<stdio.h>
int main()
{void swap(int *p1,int *p2);
 int a,b;
 printf("please enter a and b:");
 scanf("%d,%d",&a,&b);
 printf("a=%d,b=%d\n",a,b);
 swap(&a,&b);
 printf("a=%d,b=%d\n",a,b);
 return 0;
}
void swap(int *p1,int *p2)
{int t;
 t=*p1;
 *p1=*p2;
 *p2=t;
}
```

运行结果：

```
please enter a and b:12,34
a=12,b=34
a=34,b=12
Press any key to continue
```

说明：

在上述程序中，函数 swap()中的两个形参 p1，p2 都定义为指针变量，因此，在主函数中调用函数 swap()时，相应的实参也应该是指针（即变量 a 与变量 b 的地址）。在开始调用时，将变量 a 与变量 b 的地址（&a 和&b）分别传送给函数 swap()中的形参指针变量 p1 和 p2。因此，在函数执行过程中，形参指针变量 p1 和 p2 所存放的就是实参变量 a 和 b 的地址，将形参指针变量 p1 和 p2 所指向的地址中的数据交换，实际上就是交换实参变量 a 与 b 中的值，从而实现了变量 a 与 b 中值的交换。

由此可以看出，在 C 语言函数调用中，不仅可以通过函数名返回一个函数值，还可以通过实参指针与形参指针的结合，根据形参指针与实参指针指向同一个地址的原理，通过改变该地址中的值，实现调用函数与被调用函数之间的数据传递，从而使被调用函数实际可以返回多个数值到调用函数。

最后需要指出的是，在用指针变量作为函数参数时，可以通过改变形参指针所指向的地址中的值来改变形参指针所指向的地址中的值，因为它们所指向的地址是相同的，但形参指针值的改变是不能改变实参指针值的。

【例 8.3】将例 8.2 中程序改成如下形式。

思路分析：

在函数中改变形参指针变量的值，希望由此改变实参变量的值。

程序代码：

```
#include<stdio.h>
int main()
{void swap(int *p1,int *p2);
 int a,b;
```

```
printf("please enter a and b:");
scanf("%d,%d",&a,&b);
printf("a=%d,b=%d\n",a,b);
swap(&a,&b);
printf("a=%d,b=%d\n",a,b);
return 0;
}
void swap(int *p1,int *p2)
{int *t;
 t=p1;
 p1=p2;
 p2=t;
}
```

运行结果：

```
please enter a and b:12,34
a=12,b=34
a=12,b=34
Press any key to continue_
```

说明：

由第二个输出语句的输出结果可以看出，两个变量的值没有交换。这是因为，在函数 swap()中，只交换了指针变量 p1 和 p2 中存放的地址，而这两个指针变量所指向的地址是不可能通过形参和实参的结合带回到主函数，即主函数中变量 a 与 b 的地址是不会改变的。

【例 8.4】输入 3 个整数 a、b、c 要求按由大到小的顺序将它们输出。用函数实现。

思路分析：

采用例 8.2 的方法在函数中改变这 3 个变量的值。用 swap 函数交换两个变量的值，用 exchange 函数改变这 3 个变量值。

程序代码：

```
#include <stdio.h>
int main()
{ void exchange(int *q1, int *q2, int *q3);      // 函数声明
  int a,b,c,*p1,*p2,*p3;
  printf("please enter three numbers:");
  scanf("%d,%d,%d",&a,&b,&c);
  p1=&a;p2=&b;p3=&c;
  exchange(p1,p2,p3);
  printf("The order is:%d,%d,%d\n",a,b,c);
  return 0;
}

void exchange(int *q1, int *q2, int *q3)          // 定义将 3 个变量的值交换的函数
{void swap(int *pt1, int *pt2);                    // 函数声明
 if(*q1<*q2) swap(q1,q2);                          // 如果 a<b，交换 a 和 b 的值
 if(*q1<*q3) swap(q1,q3);                          // 如果 a<c，交换 a 和 c 的值
 if(*q2<*q3) swap(q2,q3);                          // 如果 b<c，交换 b 和 c 的值
}

void swap(int *pt1, int *pt2)                      // 定义交换 2 个变量的值的函数
 {int temp;
```

```
temp=*pt1;                          // 交换*pt1 和*pt2 变量的值
*pt1=*pt2;
*pt2=temp;
}
```

运行结果：

```
please enter three numbers:87,-10,20
The order is:87,20,-10
```

说明：

exchange 函数的作用是对 3 个数按大小排序，在执行 exchange 函数过程中，要嵌套调用 swap 函数，swap 函数的作用是对两个数按大小排序，通过调用 swap 函数实现 3 个数的排序。

8.2　通过指针引用数组

一个变量有地址，一个数组包含若干元素，每个数组元素都在内存中占用存储单元，它们都有相应的地址。指针变量既然可以指向变量，当然也可以指向数组和数组元素（把数组起始地址或某一元素的地址放到一个指针变量中）。所谓数组的指针是指数组的起始地址，数组元素的指针是数组元素的地址。

8.2.1　指向数组元素的指针

一个数组是由连续的一块内存单元组成的。数组名就是这块连续内存单元的首地址。一个数组也是由各个数组元素（下标变量）组成的。每个数组元素按其类型不同占有几个连续的内存单元。一个数组元素的首地址也是指它所占有的几个内存单元的首地址。

定义一个指向数组元素的指针变量的方法，与以前介绍的指针变量相同。

例如：

```
int a[10];    /*定义 a 为包含 10 个整型数据的数组*/
int *p;       /*定义 p 为指向整型变量的指针*/
```

应当注意，因为数组为 int 型，所以指针变量也应为指向 int 型的指针变量。下面是对指针变量赋值。

```
p=&a[0];
```

把 a[0]元素的地址赋给指针变量 p。也就是说，p 指向 a 数组的第 0 号元素，如图 8-4 所示。

C 语言规定，数组名代表数组的首地址，也就是第 0 号元素的地址。因此，下面两个语句等价。

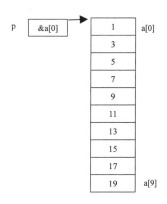

图 8-4　指针变量指向数组首地址

```
p=&a[0];
p=a;
```

　数组名 a 不代表整个数组，只代表数组首元素的地址。上述"p=a;"的作用是"把 a 数组的首地址赋给指针变量 p"，而不是"把数组 a 各个元素的值赋给 p"。

在定义指针变量时可以对它初始化。

```
int  *p=&a[0];
```

它等效于

```
int  *p;
p=&a[0];
```
当然定义时也可以写成
```
int  *p=a;
```
它的作用是将 a 数组首元素（即 a[0]）的地址赋给指针变量 p。

8.2.2 通过指针引用数组元素

指针变量引用一维数组的方法

按 C 语言的规定：如果指针变量 p 已指向数组中的一个元素，则 p+1 指向同一数组中的下一个元素（而不是将 p 值简单地加 1）。例如，数组元素是实型，每个元素占 4 字节，则 p+1 意味着使 p 的值（地址）加 4 字节，以使它指向下一个元素。p+1 所表示的地址实际上是 p+1×d，d 是一个数组元素所占的字节数（在 Visual C++ 6.0 中，对 int 型，d=4；对 float 和 long 型，d=4；对 char 型，d=1）。若 p 的值是 2000，则 p+1 的值不是 2001，而是 2004。

如果 p 的初值为&a[0]，则有如下情况。

（1）p+i 和 a+i 就是 a[i]的地址，或者说它们指向 a 数组的第 i 个元素，如图 8-5 所示。这里 a 代表数组首地址，a+i 也是地址，它的计算方法同 p+i。例如 p+9 和 a+9 的值是&a[9]，它指向 a[9]。

（2）*(p+i)或*(a+i)就是 p+i 或 a+i 所指向的数组元素，即 a[i]。例如，*(p+5)或*(a+5)就是 a[5]。

（3）指向数组的指针变量也可以带下标，如 p[i]与*(p+i)等价。

根据以上叙述，引用一个数组元素可以用以下方法。

（1）下标法，即用 a[i]形式访问数组元素。在前面介绍数组时都是采用这种方法。

（2）指针法，即采用*(a+i)或*(p+i)形式，用间接访问的方法来访问数组元素，其中 a 是数组名，p 是指向数组的指针变量，其初值 p=a。

【例 8.5】有一个整型数组 a，有 10 个元素，要求输出数组中的全部元素。

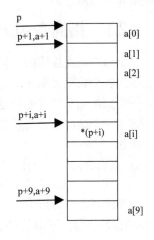

图 8-5 引用数组元素

思路分析：

引用数组中各个元素的值有 3 种方法：①下标法，如 a[3]；②通过数组名计算数组元素地址，找出数组元素的值；③用指针变量指向数组元素。分别写出程序，并比较分析。

（1）下标法。

程序代码：
```
#include <stdio.h>
int main()
 {int a[10];
  int i;
  printf("please enter 10 integer numbers:");
  for(i=0;i<10;i++)
   scanf("%d",&a[i]);
  for(i=0;i<10;i++)
   printf("%d ",a[i]);          //数组元素用数组名和下标表示
```

```
   printf("%\n");
   return 0;
 }
```
运行结果：

```
please enter 10 integer numbers:0 1 2 3 4 5 6 7 8 9,
0 1 2 3 4 5 6 7 8 9
```

（2）通过数组名计算数组元素地址，找出元素值。

程序代码：

```
#include <stdio.h>
int main()
 {int a[10];
  int i;
  printf("please enter 10 integer numbers:");
  for(i=0;i<10;i++)
   scanf("%d",&a[i]);
  for(i=0;i<10;i++)
   printf("%d ",*(a+i));        //通过数组名和元素序号计算元素地址，再找到该元素
  printf("\n");
  return 0;
 }
```

运行结果与（1）相同。

说明：

第 9 行中(a+i)是数组中序号为 i 的元素的地址，*(a+i)是该元素的值。第 7 行中用&a[i]表示 a[i]元素的地址，也可以改用(a+i)表示，如下。

```
scanf("%d",a+i);
```

（3）用指针变量指向数组元素。

程序代码：

```
#include <stdio.h>
int main()
 {int a[10];
  int *p,i;
  printf("please enter 10 integer numbers:");
  for(i=0;i<10;i++)
    scanf("%d",&a[i]);
  for(p=a;p<(a+10);p++)
   printf("%d ",*p);                        // 用指针指向当前的数组元素
  printf("\n");
  return 0;
 }
```

运行结果与（1）相同。

说明：

第 8 行先使指针变量 p 指向 a 数组的首元素（即 a[0]），接着在第 9 行输出*p，*p 就是 p 当前指向的元素（即 a[0]）的值。然后执行 p++，使 p 指向下一个元素 a[1]，再输出*p，此时*p 是 a[1]的值。其余类推，直到 p=a+10，此时停止执行循环体。

第 6、7 行可以改为如下形式。

```
for(p=a;p<(a+10);p++)
   scanf("%d",p);
```

用指针变量表示当前元素的地址。

3 种方法的比较如下。

① 例 8.5 的第（1）和（2）种方法执行效率是相同的。C 编译系统是将 a[i]转换为*(a+i)处理的。即先计算元素地址。因此用第（1）和（2）种方法找数组元素费时较多。

② 第（3）种方法比（1）、（2）方法快，用指针变量直接指向元素，不必每次都重新计算地址，像 p++这样的自加操作是比较快的。这种有规律地改变地址值（p++）能大大提高执行效率。

③ 用下标法比较直观，能直接知道是第几个元素。例如，a[5]是数组中序号为 5 的元素（注意序号从 0 开始）。用地址法或指针变量的方法不直观，难以很快地判断出当前处理的是哪一个元素。例如，例 8.5 第 3 种方法所用的程序，要仔细分析指针变量 p 的当前指向，才能判断当前输出的是第几个元素。

在使用指针变量时要注意几个问题。

（1）可以通过改变指针变量的值指向不同的元素。例如，上述第 3 种方法是用指针变量 p 来指向元素，用 p++使 p 的值不断改变从而指向不同的元素。

如果不用 p 变化的方法而用数组名 a 变化的方法（例如，用 a++）行不行呢？假如将上述第 3 种方法中的程序的第 8、9 行改为

```
for(p=a;a<(p+10);a++)
    printf("%d ",*a);
```

是不行的。因为数组名 a 代表数组首地址，它是一个指针型常量，它的值在程序运行期间是固定不变的。既然 a 是常量，所以 a++是无法实现的。

（2）要注意指针变量的当前值。请看下面的例子。

【例 8.6】通过指针变量输出整型数组 a 的 10 个元素。

思路分析：

用指针变量 p 指向数组元素，通过改变指针变量的值，使 p 先后指向 a[0]~a[9]各元素。

程序代码：

```
#include <stdio.h>
int  main()
{ int *p,i,a[10];
  p=a;
  printf("please enter 10 numbers:");
  for(i=0;i<10;i++)
    scanf("%d",p++);
  for(i=0;i<10;i++,p++)
    printf("%d ",*p);
  printf("\n");
  return 0;
}
```

运行结果：

```
please enter 10 numbers:0 1 2 3 4 5 6 7 8 9
0 1244996 1245064 4199177 1 4066680 4066768 0 0 2147348480
```

说明：

显然输出的数值并不是 a 数组中各元素的值。原因是指针变量的初始值为 a 数组首地址，但经过第一个 for 循环读入数据后，p 已指向 a 数组的末尾。因此，在执行第二个 for 循环时，p 的起始值不是&a[0]了，而是 a+10。因此执行循环时，每次要执行 p++，p 指向的是 a 数组下面的 10

个元素，而这些存储单元中的值是不可预料的。

解决这个问题的办法，只要在第二个 for 循环之前加一个赋值语句：

p=a;

使 p 的初始值回到&a[0]，这样结果就对了。

```
#include <stdio.h>
int main()
{ int i,a[10],*p=a;
  printf("please enter 10 integer numbers:");
  for(i=0;i<10;i++)
    scanf("%d",p++);
  p=a;
  for(i=0;i<10;i++,p++)
   printf("%d ",*p);
  printf("\n");
  return 0;
}
```

运行结果：

```
please enter 10 integer numbers:0 1 2 3 4 5 6 7 8 9
0 1 2 3 4 5 6 7 8 9
```

8.2.3　用数组名作为函数参数

通过之前的学习，我们了解了数组名可以作为函数的形参和实参。

```
int main()
{void fun (int arr[],int n);        //对 fun 函数的声明
 int array[10];                 //定义 array 数组
     ⋮
 fun(array,10);               //用数组名作为函数参数
return 0;
}
void fun(int arr[],int n)          //定义 fun 函数
{
    ⋮
}
```

前面介绍过，实参数组名代表该数组的首地址，而形参是用来接收从实参传递过来的数组首地址的。因此，形参是一个指针变量，因为只有指针变量才能存放地址。实际上，C 语言在编译时都是将形参数组作为指针变量来处理的。

例如，函数 fun 的形参是写成数组形式的。

```
void fun(int arr[],int n)
```

但在编译时是将 arr 按指针变量处理的，相当于将函数 fun 的首部写成以下形式。

```
void fun(int *arr,int n)
```

用指针变量作为函数形参，接收实参数组首地址

以上两种写法是等价的。在调用该函数时，系统会建立一个指针变量 arr，用来存放从主调函数传递过来的实参数组的首地址。当 arr 接收了实参数组的首地址后，arr 就指向实参数组的开头，也就是指向 array[0]。因此，*arr 就是 array[0]的值。arr+i 指向 array[i]，* (arr+i)是 array[i]的值。

根据前面介绍过的知识，* (arr+i)和 arr[i]是无条件等价的。因此，在调用函数期间，arr[0]和*arr以及 array[0]都是数组 array 第 0 号元素的值，依此类推，arr[i]，*(arr+i)，array[i]都是 array 数组第 i 号元素的值，如图 8-6 所示。

关于变量名与数组名作为函数参数的区别如表 8-1 所示。

表 8-1　　　　　　　　　　　以变量名和数组名作为函数参数的比较

实参类型	变量名	数组名
要求形参的类型	变量名	数组名或指针变量
传递的信息	变量的值	实参数组首地址
通过函数调用能否改变实参的值	不能改变实参变量的值	能改变实参数组的值

 实参数组名代表一个固定的地址。形参数组名并不代表一个固定的地址，作为指针变量，在函数调用开始时，它的值等于实参数组起始地址，但在函数执行期间，它可以再被赋值。

【例 8.7】将数组 a 中的 n 个整数按相反顺序存放，如图 8-7 所示。

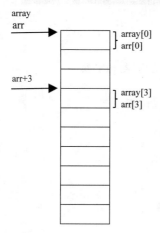

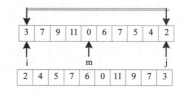

图 8-6　数组名作函数参数　　　　　图 8-7　数组元素的反序存放

思路分析：

将 a[0]与 a[n-1]对换，再将 a[1]与 a[n-2]对换，直到将 a[int(n-1)/2]与 a[n-int((n-1)/2)-1]对换。用循环处理此问题，设两个"位置指示变量"i 和 j，i 的初值为 0，j 的初值为 n-1。将 a[i]与 a[j]交换，然后使 i 的值加 1，j 的值减 1，再将 a[i]与 a[j]对换，直到 i=(n-1)/2 为止。

用一个函数 inv 来实现交换。实参用数组名 a，形参可用数组名，也可用指针变量名。

程序代码：

```
#include <stdio.h>
int main()
{void inv(int x[ ],int n);            //inv 函数声明
 int i,a[10]={3,7,9,11,0,6,7,5,4,2};
 printf("The original array:\n");
 for(i=0;i<10;i++)
   printf("%d ",a[i]);               // 输出未交换时数组各元素的值
 printf("\n");
```

```
 inv(a,10);                          // 调用 inv 函数，进行交换
 printf("The array has been inverted:\n");
 for(i=0;i<10;i++)
  printf("%d ",a[i]);                //  输出交换后数组各元素的值
 printf("\n");
 return 0;
 }

void inv(int x[ ],int n)              // 形参 x 是数组名
 {int temp,i,j,m=(n-1)/2;
  for(i=0;i<=m;i++)
   {j=n-1-i;
    temp=x[i];x[i]=x[j];x[j]=temp;      // 把 x[i]和 x[j]交换
  }
  return;
  }
```

运行结果：

```
The original array:
3 7 9 11 0 6 7 5 4 2
The array has been inverted:
2 4 5 7 6 0 11 9 7 3
```

说明：

在 main 函数中定义整型数组 a，并赋初值。函数 inv 的形参数组名为 x。在定义 inv 函数时，可以不指定形参数组 x 的大小（元素的个数）。因为形参数组名实际上是一个指针变量，并不是真正地开辟一个数组空间（定义实参数组时必须指定数组大小，因为要开辟相应的存储空间）。inv 函数的形参 n 用来接收需要处理的元素的个数。在 main 函数中有函数调用语句"inv(a,10);"，表示要对 a 数组的 10 个元素实行题目要求的颠倒排列。如果改为"inv(a,5);"，则表示要求将 a 数组的前 5 个元素实行颠倒排列，此时，函数 inv 只处理 5 个数组元素。函数 inv 中的 m 是 i 值的上限，当 i≤m 时，循环继续执行；当 i>m 时，则结束循环过程。例如，若 n=10，则 m=4，最后一次 a[i]与 a[j]的交换是 a[4]与 a[5]交换。

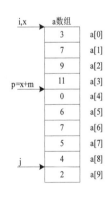

图 8-8　指针变量引用数组元素

运行结果表明程序是正确的。

对这个程序可以做一些改动。将函数 inv 中的形参 x 改成指针变量。相应的实参仍为数组名 a，即数组 a 首元素的地址，将它传给形参指针变量 x，这时 x 就指向 a[0]。x+m 是 a[m]元素的地址。设 i 和 j 以及 p 都是指针变量，用它们指向有关元素。i 的初值为 x，j 的初值为 x+n-1，如图 8-8 所示。使*i 与*j 交换就是使 a[i]与 a[j]交换。

修改程序：

```
#include <stdio.h>
int main()
{void inv(int *x,int n);
 int i,a[10]={3,7,9,11,0,6,7,5,4,2};
 printf("The original array:\n");
 for(i=0;i<10;i++)
  printf("%d ",a[i]);
```

```
    printf("\n");
    inv(a,10);
    printf("The array has been inverted:\n");
    for(i=0;i<10;i++)
        printf("%d ",a[i]);
    printf("\n");
    return 0;
}

void inv(int *x,int n)                    //形参 x 是指针变量
{int *p,temp,*i,*j,m=(n-1)/2;
 i=x;j=x+n-1;p=x+m;
 for(;i<=p;i++,j--)
 {temp=*i;*i=*j;*j=temp;}              // *i 与*j 交换
 return;
}
```

运行结果与前一程序相同。

归纳分析：

如果有一个实参数组，想在函数中改变此数组的元素的值，实参与形参的表示形式有以下 4 种情况。

（1）形参和实参都用数组名。可以认为形参数组与实参数组共用内存单元，如图 8-9 所示。

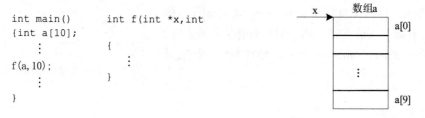

```
int main()
{int a[10];          int f(int x[],int n)
  ⋮                  {
f(a,10);                ⋮
  ⋮                  }
}
```

数组a,x

a[0],x[0]
⋮
a[9],x[9]

图 8-9　a 和 x 都是数组名

（2）实参用数组名，形参用指针变量。实参 a 为数组名，形参 x 为指向整型变量的指针变量，函数开始执行时，x 指向 a[0]，即 x=&a[0]，如图 8-10 所示。通过 x 值的改变，可以指向 a 数组的任一元素。

```
int main()       int f(int *x,int
{int a[10];        {
  ⋮                  ⋮
f(a,10);            }
  ⋮
}
```

x →

数组a

a[0]
⋮
a[9]

图 8-10　a 为数组名，x 为指针变量

（3）实参形参都用指针变量。实参 p 和形参 x 都是指针变量。先使实参指针变量 p 指向数组 a，p 的值是&a[0]。然后将 p 的值传给形参指针变量 x，x 的初始值也是&a[0]，如图 8-11 所示。通过 x 值的改变可以使 x 指向数组 a 的任一元素。

```
int main()        int f(int *x,int
{int a[10],*p;    {
 p=a;
   ⋮                 ⋮
 f(a,10);          }
   ⋮
 }
```

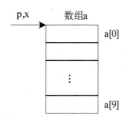

图 8-11　形参和实参都是指针变量

（4）实参为指针变量，形参为数组名。实参 p 为指针变量，它使指针变量 p 指向 a[0]，即 p=a 或 p=&a[0]。形参为数组名 x，将 a[0]的地址传给形参 x，使指针变量 x 指向 a[0]（形参数组 x 取得 a 数组的首地址，x 数组和 a 数组共用同一段内存单元），如图 8-12 所示。在函数执行过程中可以使 x[i]值变化，它就是 a[i]。

```
int main()        int f(int x[],int
{int a[10],*p;    {
 p=a;
   ⋮                 ⋮
 f(a,10);          }
   ⋮
 }
```

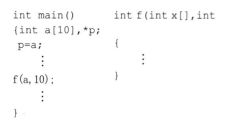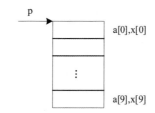

图 8-12　实参为指针变量，形参为数组名

以上 4 种方法，实质上都是地址的传递（即都是使用指针变量）。

【例 8.8】改写例 8.7，用指针变量作实参。

程序代码：

```
#include <stdio.h>
int  main()
{void inv(int *x,int n);                // inv 函数声明
 int i,arr[10],*p=arr;                  // 指针变量 p 指向 arr[0]
 printf("The original array:\n");
 for(i=0;i<10;i++,p++)
   scanf("%d",p);                       // 输入 arr 数组的元素
 printf("\n");
 p=arr;                                 // 指针变量 p 重新指向 arr[0]
 inv(p,10);                             // 调用 inv 函数，实参 p 是指针变量
 printf("The array has been inverted:\n");
 for(p=arr;p<arr+10;p++)
    printf("%d ",*p);
 printf("\n");
 return 0;
}

void inv(int *x,int n)                  // 定义 inv 函数，形参 x 是指针变量
{int *p,m,temp,*i,*j;
 m=(n-1)/2;
 i=x;j=x+n-1;p=x+m;
 for(;i<=p;i++,j--)
```

```
   {temp=*i;*i=*j;*j=temp;}
 return;
}
```

说明：

上面的 main 函数中的指针变量 p 是有确定值的。如果在 main 函数中不设数组，只设指针变量，就会出错，假如把主函数修改如下。

```
#include <stdio.h>
intmain()
{void inv(int *x,int n);                    // inv 函数声明
 int i,*arr;                                // 指针变量 arr 未指向数组元素
 printf("The original array:\n");
 for(i=0;i<10;i++)
   scanf("%d",arr+i);
 printf("\n");
 inv(arr,10);                               // 调用 inv 函数，实参 arr 是指针变量，但无指向
 printf("The array has been inverted:\n");
 for(i=0;i<10;i++)
 printf("%d ",*(arr+i));
 printf("\n");
 return 0;
}
```

编译时出错，原因是指针变量 arr 没有确定值，谈不上指向哪个变量。

注意

　　如果用指针变量作实参，必须先使指针变量指向一个已定义的数组。

【例 8.9】用选择法对 10 个整数按由大到小的顺序排序。

思路分析：

在主函数中定义数组 a 存放 10 个整数，定义 int *型指针变量 p 指向 a[0]。定义函数 sort 使数组 a 中的元素按由大到小的顺序排列。在主函数中调用 sort 函数，用指针变量 p 作实参。sort 函数的形参用数组名。用选择法进行排序，选择排序法的算法前面已介绍。

程序代码：

```
#include <stdio.h>
int main()
{void sort(int x[ ],int n);                 // sort 函数声明
 int i,*p,a[10];
 p=a;                                       // 指针变量 p 指向 a[0]
 printf("please enter 10 integer numberes:");
 for(i=0;i<10;i++)
   scanf("%d",p++);                         // 输入 10 个整数
 p=a;                                       // 指针变量 p 重新指向 a[0]
 sort(p,10);                                // 调用 sort 函数
 for(p=a,i=0;i<10;i++)
   {printf("%d ",*p);                       // 输出排序后的 10 个数组元素
   p++;
   }
 printf("\n");
 return 0;
}
```

```
void sort(int x[],int n)              // 定义 sort 函数，x 是形参数组名
 {int i,j,k,t;
  for(i=0;i<n-1;i++)
   {k=i;
    for(j=i+1;j<n;j++)
     if(x[j]>x[k]) k=j;
      if(k!=i)
        {t=x[i];x[i]=x[k];x[k]=t;}
   }
 }
```
运行结果：

```
please enter 10 integer numberes:12 34 5 689 -43 56 -21 0 24 65
689 65 56 34 24 12 5 0 -21 -43
```

说明：

为了便于理解，函数 sort 中用数组名作为形参，用下标法引用形参数组元素，这样的程序很容易看懂。当然也可以改用指针变量，这时 sort 函数的首部可以改写为以下形式。

`sort (int *x,int n)`

其他不改变，程序运行结果不变。

8.2.4　通过指针引用多维数组

1．多维数组的地址

设有一个二维数组 a，它有 3 行 4 列如下。

`int a[3][4]={{1,3,4,7},{9,11,13,15},{17,19,21,23}};`

a 是二维数组名。a 数组包含 3 行，即 3 个行元素：a[0]，a[1]，a[2]。而每一元素又是一个一维数组，包含 4 个元素，即 4 个列元素。a[0]所代表的一维数组又包含 4 个元素：a[0][0]，a[0][1]，a[0][2]，a[0][3]，如图 8-13 所示。可以认为二维数组是"数组的数组"，即二维数组 a 是由 3 个一维数组所组成的。

从二维数组的角度来看，a 代表二维数组首元素的地址，现在的首元素不是一个简单的整型元素，而是 4 个整型元素所组成的一维数组，因此 a 代表的是首行（即序号为 0 的行）的首地址。a+1 代表序号为 1 的行的首地址。如果二维数组的首行的首地址为 2000，一个整型数据占 4 字节，则 a+1 的值应该是 2000+4×4=2016（因为第 0 行有 4 个整型数据）。a+1 指向 a[1]，或者说，a+1 的值是 a[1]的首地址。a+2 代表 a[2]的首地址，它的值是 2032，如图 8-14 所示。

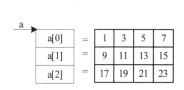

图 8-13　数组的数组

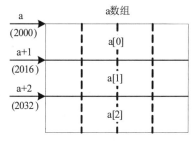

图 8-14　行的首地址

a[0]、a[1]、a[2]既然是一维数组名，而 C 语言又规定了数组名代表数组的首地址，因此 a[0]代表第 0 行一维数组中第 0 列元素的地址，即&a[0][0]。a[1]的值是&a[1][0]，a[2]的值是&a[2][0]。

请考虑第 0 行第 1 列元素的地址怎么表示？a[0]是一维数组名，该一维数组中序号为 1 的元素地址显然应该用 a[0]+1 来表示，如图 8-15 所示。此时"a[0]+1"中的 1 代表 1 个列元素的字节数，即 4 字节。a[0]的值是 2000，a[0]+1 的值是 2004（而不是 2016）。这是因为现在是在一维数组范围内讨论问题的，正如有一个一维数组 x，x+1 是其第 1 列元素 x[1]地址一样。a[0]+0、a[0]+1、a[0]+2、a[0]+3 分别是 a[0][0]、a[0][1]、a[0][2]、a[0][3]的地址（即&a[0][0]、&a[0][1]、&a[0][2]、&a[0][3]）。

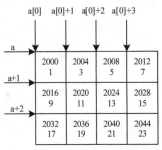

图 8-15　二维数组元素的地址

前面已经介绍过，a[0]和*(a+0)等价，a[1]和*(a+1)等价，a[i]和*(a+i)等价。因此，a[0]+1 和*(a+0)+1 的值都是&a[0][1]（即图 8-15 中的 2004）。a[1]+2 和*(a+1)+2 的值都是&a[1][2]（即图 8-15 中的 2024）。请注意不要将*(a+1)+2 错写成*(a+1+2)，后者变成*(a+3)了，相当于 a[3]。

进一步分析，欲得到 a[0][1]的值，用地址法怎么表示呢？既然 a[0]+1 和*(a+0)+1 是 a[0][1]的地址，那么，*(a[0]+1)就是 a[0][1]的值。同理，*(*(a+0)+1)或*(*a+1)也是 a[0][1]的值。

由此可知，第 i 行第 j 列元素 a[i][j]的地址可以用 a[i]+j 和*(a+i)+j 来表示。那么，*(a[i]+j)和*(*(a+i)+j)就是 a[i][j]的值。

用指针变量引用二维数组元素的方法

对 a[i]的性质的进一步说明：a[i]从形式上看是 a 数组中第 i 个元素。如果 a 是一维数组名，则 a[i]代表 a 数组第 i 个元素所占的内存单元。a[i]是有物理地址的，是占内存单元的。但如果 a 是二维数组，则 a[i]是代表一维数组名。a[i]本身并不占实际的内存单元，也不存放 a 数组中各个元素的值，只是一个地址（如同一个一维数组名 x 并不占内存单元而只代表地址一样）。具体的指向二维数组的指针的表示形式及含义如表 8-2 所示。

表 8-2　　　　　　　　　　　　　二维数组 a 的有关指针

表示形式	含　义
a	二维数组名，指向一维数组 a[0]，即第 0 行的首地址
a[0], *(a+0), *a	第 0 行第 0 列元素地址
a+i, &a[i]	第 i 行首地址
a[i], *(a+i)	第 i 行第 0 列元素 a[i][0]的地址
a[i]+j, *(a+i)+j, &a[i][j]	第 i 行第 j 列元素 a[i][j]的地址
*(a[i]+j), *(*(a+i)+j), a[i][j]	第 i 行第 j 列元素 a[i][j]的值

a 和 a[0]的值虽然相同，但是由于指针的类型不同（a 是指向一维数组，a[0]指向 a[0][0]元素）。因此，对这些指针进行加 1 的运算，得到的结果是不同的。二维数组名是指向行的。因此 a+1 中的"1"代表一行中全部元素所占的字节数。一维数组名（如 a[0]，a[1]）是指向列元素的。因此 a[0]+1 中的"1"代表一个元素所占的字节数。

在行指针前面加一个*，就转换为列指针。例如，a 和 a+1 是行指针，在它们前面加一个*就是*a 和*(a+1)，它们就成为列指针，分别指向 a 数组 0 行 0 列的元素和 1 行 0 列的元素。

在列指针前面加&，就成为行指针。例如 a[0]是指向 0 行 0 列元素的列指针，在它前面加一个&，得&a[0]，由于 a[0]与*(a+0)等价，因此&a[0]与& *a 等价，也就是与 a 等价，它指向二维数组的 0 行。

在二维数组中，a+i=a[i]=*(a+i)=&a[i]=&a[i][0]，即它们的地址值是相等的。

【例 8.10】输出二维数组的有关数据（地址和值）。

程序代码：

```
#include <stdio.h>
int main()
{int a[3][4]={1,3,5,7,9,11,13,15,17,19,21,23};
 printf("%d,%d\n",a,*a);                    // 0 行首地址和 0 行 0 列元素地址
 printf("%d,%d\n",a[0],*(a+0));             // 0 行 0 列元素地址
 printf("%d,%d\n",&a[0],&a[0][0]);          // 0 行首地址和 0 行 0 列元素地址
 printf("%d,%d\n",a[1],a+1);                // 1 行 0 列元素地址和 1 行首地址
 printf("%d,%d\n",&a[1][0],*(a+1)+0);       // 1 行 0 列元素地址
 printf("%d,%d\n",a[2],*(a+2));             // 2 行 0 列元素地址
 printf("%d,%d\n",&a[2],a+2);               // 2 行首地址
 printf("%d,%d\n",a[1][0],*(*(a+1)+0));     // 1 行 0 列元素的值
 printf("%d,%d\n",*a[2],*(*(a+2)+0));       // 2 行 0 列元素的值
 return 0;
}
```

运行结果：

```
1244952,1244952
1244952,1244952
1244952,1244952
1244968,1244968
1244968,1244968
1244984,1244984
1244984,1244984
9,9
17,17
```

说明：

二维数组 a 的结构如图 8-15 所示，只是 a 数组的起始地址是 1244952。上面是在 Visual C++ 6.0 环境下的一次运行记录。在不同的计算机、不同的编译环境、不同的时间运行以上程序时，由于分配内存情况不同，所显示的地址可能是不同的。但是上面显示的地址是有共同规律的。如上面显示 0 行首地址和 0 行 0 列元素地址为 1244952，前 3 行显示的地址是相同的。第 4、5 行是 1 行 0 列元素地址和 1 行首地址，它的值应当比上面显示的 1 行首地址和 0 行 0 列元素地址大 16 字节（一行有 4 个元素，每个元素 4 字节），1244968 和 1244952 之差是 16。同样，第 6、7 行是 2 行 0 列元素地址和 2 行首地址，它的值应当比 1 行首地址和 1 行 0 列元素地址大 16 字节，1244984 和 1244968 之差是 16。最后两行显示的是 a[1][0]和 a[2][0]的值。

2. 指向多维数组的指针变量

了解以上概念后，可以用指针变量指向多维数组的元素。

（1）指向数组元素的指针变量

【例 8.11】有一个 3×4 的二维数组，要求用指向元素的指针变量输出二维数组各元素的值。

思路分析：

二维数组的元素是整型的，它相当于整型变量，可以用 int *型指针变量指向它。二维数组的元素在内存中是按行顺序存放的，因此可以用一个指向整型元素的指针变量依次指向各个元素。

程序代码:

```c
#include <stdio.h>
int main()
{int a[3][4]={1,3,5,7,9,11,13,15,17,19,21,23};
 int *p;                               //p是int *型指针变量
 for(p=a[0];p<a[0]+12;p++)             //使p依次指向下一个元素
   {if((p-a[0])%4==0)printf("\n");     //p移动4次后换行
    printf("%4d",*p);                  //输出p指向的元素的值
 }
 printf("\n");
 return 0;
}
```

运行结果:

```
  1   3   5   7
  9  11  13  15
 17  19  21  23
```

说明:

p 是一个 int *型的指针变量,它可以指向一般的整型变量,也可以指向整型的数组元素。每次使 p 值加 1,使 p 指向下一个元素。第 6 行 if 语句的作用是使输出 4 个数据后换行。

如果要输出某个指定的数组元素,则应事先计算该元素在数组中的相对位置(即相对于数组起始位置的相对位移量)。计算 a[i][j] 在数组中的相对位置的计算公式为 i*m+j(二维数组大小为 n × m)。如果开始时使指针变量 p 指向 a(即 a[0][0]),为了得到 a[i][j] 的值,可以用 *(p+i*m+j) 表示。a[i][j] 的地址为 a[0]+i*m+j。从图 8-16 可以看到在 a[i][j] 元素之前有 i 行元素(每行有 m 个元素),在 a[i][j] 所在行,a[i][j] 的前面还有 j 个元素,因此 a[i][j] 之前共有 i*m+j 个元素。

(2)指向由 m 个元素组成的一维数组的指针变量

使 p 不是指向整型变量,而是指向一个包含 m 个元素的一维数组。这时,如果 p 先指向 a[0](即 p=&a[0]),则 p+1 不是指向 a[0][1],而是指向 a[1],p 的增值以一维数组的长度为单位,如图 8-17 所示。

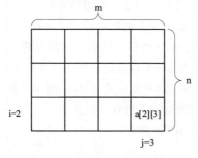

图 8-16　数组元素的相对位置

图 8-17　指针变量指向二维数组的行

【例 8.12】输出二维数组任一行任一列元素的值。

思路分析:

假设仍然用例 8.11 程序中的二维数组,例 8.11 中定义的指针变量是指向变量或数组元素的,现在改用指向一维数组的指针变量。

程序代码:

```
#include <stdio.h>
int main()
 {int a[3][4]={1,3,5,7,9,11,13,15,17,19,21,23};        //定义二维数组 a 并初始化
 int (*p)[4],i,j;                      // 指针变量 p 指向包含 4 个整型元素的一维数组
 p=a;                                  // p 指向二维数组的 0 行
 printf("please enter row and colum:");
 scanf("%d,%d",&i,&j);                 // 指定元素的行列
 printf("a[%d,%d]=%d\n",i,j,*(*(p+i)+j));        // 输出 a[i][j]的值
 return 0;
 }
```

运行结果：

```
please enter row and colum:1,2
a[1,2]=13
```

说明：

程序中"int(*p)[4]"表示 p 是一个指针变量，它指向包含 4 个元素的一维数组。*p 两侧的括号不可缺少，如果写成*p[4]，由于方括号[]运算级别高，因此 p 先与[4]结合，是数组，然后再与前面的*结合，*p[4]是指针数组。

二者的比较如下。

① int a[4];/* a 有 4 个元素，每个元素为整型*/

② int (*p)[4];　/* *p 有 4 个元素，每个元素为整型*/

第②种形式中，p 所指的对象是有 4 个整型元素的数组，即 p 是行指针，如图 8-18 所示。此时 p 只能指向一个包含 4 个元素的一维数组，p 的值就是该一维数组的首地址。p 不能指向一维数组中的第 j 个元素。

程序中的 p+i 是二维数组 a 的第 i 行的地址（由于 p 是指向一维数组的指针变量，因此 p 加 1，就指向下一个一维数组，如图 8-19 所示。*(p+i)+j 是 a 数组第 i 行第 j 列元素地址，*(*(p+i)+j)是 a[i][j]的值。

图 8-18　指针变量 p 指向一维数组的首地址

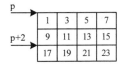

图 8-19　使指针变量 p 指向下一个一维数组

3. 多维数组的指针作函数参数

用指针变量作形参接受二维实参数组名传递来的地址时，有两种方法：①用指向变量的指针变量；②用指向一维数组的指针变量。用指针变量作形参，可以允许数组的行数不同。

【例 8.13】有一个班，3 个学生，各学 4 门课，计算总平均分数，以及第 n 个学生的成绩。

思路分析：

本例用指向数组的指针作函数参数。用函数 average 求总平均成绩，用函数 search 找出并输出第 i 个学生的成绩。

程序代码：

```
#include <stdio.h>
int main()
 {void average(float *p,int n);
```

```
    void search(float (*p)[4],int n);
    float score[3][4]={{65,67,70,60},{80,87,90,81},{90,99,100,98}};
    average(*score,12);                      //求12个分数的平均分
    search(score,2);                         //求序号为2的学生的成绩
    return 0;
    }

void average(float *p,int n)            //定义求平均成绩的函数
    {float *p_end;
    float sum=0,aver;
     p_end=p+n-1;              //n的值为12时，p_end的值是p+11，指向最后一个元素
    for(;p<=p_end;p++)
      sum=sum+(*p);
    aver=sum/n;
    printf("average=%5.2f\n",aver);
    }

void search(float (*p)[4],int n)         //p是指向具有4个元素的一维数组的指针
    {int i;
    printf("The score of No.%d are:\n",n);
    for(i=0;i<4;i++)
      printf("%5.2f ",*(*(p+n)+i));
    printf("\n");
    }
```

运行结果：

```
average=82.25
The score of No.2 are:
90.00 99.00 100.00 98.00
```

说明：

在函数 average 中形参 p 被声明为指向一个实型变量的指针变量。用 p 指向二维数组的各个元素，p 每加 1 就改为指向下一个元素，如图 8-20 所示。相应的实参用 *score，即 score[0]，是一个地址，指向 score[0][0]元素。用形参 n 代表需要求平均值的元素的个数。函数 average 中的指针变量 p 指向 score 数组的某一元素（元素值为一门课的成绩）。

函数 search 的形参 p 是指向包含 4 个元素的一维数组的指针变量。实参传给形参 n 的值为 2，即找序号为 2 的学生的成绩（3 个学生的序号分别为 0、1、2）。函数调用开始时，将实参 score 的值（代表该数组第 0 行首地址）传给 p。 p+n 是一维数组 score[n]的首地址，*(p+n)+i 是 score[n][i]的地址，*(*(p+n)+i)是 score[n][i]的值。现在 n=2，i 由 0 变到 3，for 循环输出 score[2][0]到 score[2][3]的值。

【例 8.14】在例 8.13 的基础上，查找有一门以上课程不及格的学生，输出他们的全部课程成绩。

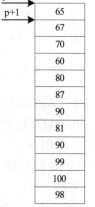

图 8-20 使指针变量 p 指
向数组元素

思路分析：

在主函数中定义二维数组 score,定义 search 函数实现输出有一门以上课程不及格的学生的全部课程的成绩，形参 p 的类型是 float(*)[4]，p 是指向包含 4 个元素的一维数组的指针变量。在调用 search 函数时，用 score 作为实参，它指向 score[0]，把 score[0]的地

址传递给形参 p。

程序代码：

```
#include <stdio.h>
int main()
 {void search(float (*p)[4],int n);        //函数声明
  float score[3][4]={{65,57,70,60},{58,87,90,81},{90,99,100,98}};//定义二维数组 score
  search(score,3);//调用 search 函数
  return 0;
}

void search(float (*p)[4],int n)  //形参 p 是指向包含 4 个 float 型元素的一维数组的指针变量
 {int i,j,flag;
  for(j=0;j<n;j++)
    {flag=0;
    for(i=0;i<4;i++)
      if(*(*(p+j)+i)<60) flag=1;              //*(*(p+j)+i)就是 score[j][i]
      if(flag==1)
      { printf("No.%d fails,his scores are:\n",j+1);
          for(i=0;i<4;i++)
          printf("%5.1f ",*(*(p+j)+i));       //输出*(*(p+j)+i)就是输出 score[j][i]的值
          printf("\n");
      }
    }
 }
```

运行结果：

```
No.1 fails,his scores are:
 65.0  57.0  70.0  60.0
No.2 fails,his scores are:
 58.0  87.0  90.0  81.0
```

说明：

在函数 search 中，flag 是作为标志不及格的变量。先使 flag=0，若发现某一学生有一门不及格，则使 flag=1。最后用 if 语句检查 flag，如为 1，则表示该学生有不及格的记录，输出其全部课程成绩。变量 j 表学生号，i 代表课程号。

8.3　通过指针引用字符串

在 C 程序中，可以用两种方法访问一个字符串。

（1）用字符数组存放一个字符串，可以通过数组名和下标引用字符串中的一个字符，也可以通过数组名和格式声明"%s"输出该字符串。

【例 8.15】定义一个字符数组，在其中存放字符串"I love China!"，输出该字符串和第 8 个字符。

思路分析：

定义字符数组 string，对它初始化，由于在初始化时字符的个数是确定的，因此可不必指定数组的长度。用数组名 string 和输出格式%s 可以输出整个字符串。用数组名和下标可以引用任一数组元素。

程序代码：

```
#include <stdio.h>
int main()
  {char string[]="I love China!";        //定义字符数组 string
  printf("%s\n",string);                  // 用%s 输出 strung，可以输出整个字符串
  printf("%c\n",string[7]);               // 用%c 输出一个字符数组元素
  return 0;
}
```

运行结果：

```
I love China!
C
```

说明：

定义数组时未指定长度，可以由初始化时所赋值的字符个数来确定，其长度应为 14。使用输出格式%s 和数组名 string 输出该字符串。数组名 string 代表字符数组的首地址，该字符串中第 8 个字符存放在字符数组的序号为 7 的元素里，所以应输出 string[7]。

（2）用字符指针变量指向一个字符串常量，通过字符指针变量引用字符串常量。

【例 8.16】通过字符指针变量输出一个字符串。

思路分析：

可以不定义字符数组，而定义一个字符指针变量。用字符指针变量指向字符串中的字符。通过字符指针变量输出该字符串。

程序代码：

```
#include <stdio.h>
int main()
  {char *string="I love China!";         //定义字符指针变量 string 并初始化
  printf("%s\n",string);                  //输出字符串
  return 0;
}
```

运行结果：

```
I love China!
```

说明：

在程序中没有定义字符数组，只定义了一个字符指针变量 string。用字符串常量"Ilove China!"对它初始化。C 语言对字符串常量是按字符数组处理的，在内存开辟了一个字符数组用来存放字符串常量。但是这个字符数组是没有名字的，因此不能通过数组名来引用，只能通过指针变量来引用。

对字符指针变量 string 初始化，实际上是把字符串首地址（即存放字符串的字符数组的首地址）赋给 string，使 string 指向字符串的第一个字符。

有人认为 string 是一个字符串变量，以为是在定义时把"I love China!"赋给该字符串变量，这是不对的。在 C 语言中只有字符变量，没有字符串变量。

可以通过字符指针变量输出它所指向的字符串：

```
printf("%s\n",string);
```

%s 是输出字符串时所用的格式符，在输出项中给出字符指针变量名 string，则系统先输出它所指向的一个字符数据。然后自动使 string 加 1，使之指向下一个字符，然后再输出一个字符……

如此直到遇到字符串结束标志'\0'为止。注意，在内存中，字符串的最后被自动加了一个'\0'，因此在输出时能确定字符串的终止位置。

对字符串中字符的存取，可以用下标方法，也可以用指针方法。

【例 8.17】将字符串 a 复制为字符串 b，然后输出字符串 b。

思路分析：

定义两个字符数组 a 和 b，用"I am a student."对 a 数组初始化。将 a 数组中的字符逐个复制到 b 数组中。可以用不同的方法引用并输出字符数组元素，现用地址法算出各元素值。

程序代码：

```
#include <stdio.h>
int main()
 {char a[ ]="I am a student.",b[20];
  int i;
  for(i=0;*(a+i)!='\0';i++)
    *(b+i)=*(a+i);              //将 a[i]的值赋给 b[i]
  *(b+i)='\0';                  //在 b 数组的有效字符之后加'\n'
  printf("string a is:%s\n",a); //输出 a 数组中全部字符
  printf("string b is:");
  for(i=0;b[i]!='\0';i++)
    printf("%c",b[i]);          //逐个输出 b 数组中全部字符
  printf("\n");
  return 0;
 }
```

运行结果：

```
string a is:I am a student.
string b is:I am a student.
```

说明：

程序中 a 和 b 都定义为字符数组，可以通过地址访问数组元素。在 for 语句中，先检查 a[i]是否为'\0'（a[i]是以*(a+i)形式表示的）。如果不等于'\0'，表示字符串尚未处理完，就将 a[i]的值赋给 b[i]，即复制一个字符。在 for 循环中将 a 串中的有效字符全部复制给 b 串。最后还应将'\0'复制过去，故有

`*(b+1)='\0'`

在第 2 个 for 循环中用下标法表示一个数组元素（即一个字符）。也可以用输出 a 数组的方法输出 b 数组。用以下一行代替程序的 9～12 行。

`printf("string b is:%s\n",b);`

程序中用逐个字符输出的方法只是为了表示可以用不同的方法输出字符串。

也可以用指针变量访问字符串。通过改变指针变量的值使它指向字符串中的不同字符。见例 8.18。

【例 8.18】用指针变量来处理例 8.17 的问题。

思路分析：

定义两个指针变量 p1 和 p2，分别指向字符数组 a 和 b。改变指针变量 p1 和 p2 的值，使它们顺序指向数组中的各元素，进行对应元素的复制。

程序代码：

```
#include <stdio.h>
int main()
```

```
{char a[]="I am a student.",b[20],*p1,*p2;
 p1=a;p2=b;                                  // p1,p2 分别指向 a 数组和 b 数组中的第一个元素
 for(;*p1!='\0';p1++,p2++)
    *p2=*p1;                                 // 将 p1 所指向的元素的值赋给 p2 所指向的元素
 *p2='\0';                                   // 在复制完全部有效字符后加'\0'
 printf("string a is:%s\n",a);              // 输出 a 数组中的字符
 printf("string b is:%s\n",b);              // 输出 b 数组中的字符
 return 0;
}
```
运行结果：

```
string a is:I am a student.
string b is:I am a student.
```

说明：

pl 和 p2 是指向字符型数据的指针变量。先使 pl 和 p2 的值分别为字符串 a 和 b 的首地址。* p1 最初的值是字母'I'，赋值语句 "*p2=*p1;" 的作用是将字符'I'（a 串中第 1 个字符）赋给 p2 所指向的元素，即 b[0]。然后 p1 和 p2 分别加 1，指向其下面的一个元素，直到*p1 的值是'\0'为止。注意 pl 和 p2 的值是不断在改变的，在 for 语句中的 p1++和 p2++使 pl 和 p2 同步移动。

8.4　指向函数的指针

8.4.1　函数指针

如果在程序中定义了一个函数，在编译时，编译系统为函数代码分配一段存储空间，这段存储空间的起始地址（又称入口地址）称为这个函数的指针。

可以定义一个指向函数的指针变量，用来存放某一函数的起始地址，这就意味着此指针变量指向该函数。

```
int (*p)(int,int);
```

定义 p 是一个指向函数的指针变量，它可以指向函数的类型为整型且有两个整型参数的函数。p 的类型用 int(*)(int,int)表示。

8.4.2　用函数指针变量调用函数

如果想调用一个函数，除了可以通过函数名调用以外，还可以通过指向函数的指针变量来调用函数。

【例 8.19】用函数求整数 a 和 b 中的大者。

思路分析：

定义一个函数 max，实现求两个整数中的大者。在主函数中调用 max 函数，通过指向函数的指针变量来实现。

程序代码：

```
#include <stdio.h>
int main()
{int max(int,int);                          //函数声明
 int (*p)(int,int);                         // 定义指向函数的指针变量 p
```

```
    int a,b,c;
    p=max;          // 使 p 指向 max 函数
    printf("please enter a and b:");
    scanf("%d,%d",&a,&b);
    c=(*p)(a,b);                    // 通过指针变量调用 max 函数
    printf("a=%d\nb=%d\nmax=%d\n",a,b,c);
    return 0;
}

int max(int x,int y)                        // 定义 max 函数
    {int z;
    if(x>y)  z=x;
    else     z=y;
    return(z);
    }
```
运行结果：

```
please enter a and b:45,87
a=45
b=87
max=87
```

说明：

程序第 4 行"int (*p)(int,int);"用来定义 p 是一个指向函数的指针变量，最前面的 int 表示这个函数值（即函数的返回值）是整型的。最后面的括号中有两个 int，表示这个函数有两个 int 型参数。注意*p 两侧的括号不可省略。

赋值语句"p=max;"的作用是将函数 max 的入口地址赋给指针变量 p。和数组名代表数组首地址类似，函数名代表该函数的入口地址。这样，p 就是指向函数 max 的指针变量，此时 p 和 max 都指向函数的开头。调用*p 就是调用 max 函数。

在 main 函数中有一个赋值语句：

c=(*p)(a,b);

它和

c=max(a,b);

等价，这就是用指针实现函数的调用。

8.4.3　定义和使用指向函数的指针变量

定义指向函数的指针变量的一般形式如下。

类型名 (*指针变量名)(函数参数列表)；

如"int(*p)(int,int);"这里的"类型名"是指函数返回值的类型。

请读者熟悉指向函数的指针变量的定义形式，怎样判定指针变量是指向函数的指针变量呢？首先看变量名的前面有无"*"号，如*p。如果有，肯定是指针变量而不是普通变量。其次，看变量名的后面有无圆括号，内有形参的类型。如果有，就是指向函数的指针变量，这对圆括号是函数的特征。要注意的是：由于优先级关系，"*指针变量名"要用圆括号括起来。

说明：

（1）定义指向函数的指针变量，并不意味着这个指针变量可以指向任何函数，它只能指向在定义时指定的类型的函数。如"int (*p)(int,int);"表示指针变量 p 只能指向函数返回值为整型且有两个整数参数的函数。在程序中把哪一个函数（该函数的值是整型的且有两个整型参数）的地址

赋给它，它就指向哪一个函数。在一个程序中，一个指针变量可以先后指向同类型的不同函数。

（2）如果要用指针变量调用函数，必须先使指针变量指向函数。

```
p=max;
```

这就把 max 函数的入口地址赋给了指针变量 p。

（3）在给函数指针变量赋值时，只需给出函数名而不必给出参数。

```
p=max;                         //将函数入口地址赋给 p
```

因为是将函数入口地址赋给 p，而不牵涉实参与形参的结合问题。如果写成

```
p=max(a,b);
```

就错了。p=max(a,b)是将调用 max 函数所得到的函数值赋给 p，而不是将函数入口地址赋给 p。

（4）用函数指针变量调用函数时，只需将(*p)代替函数名即可（p 为指针变量名），在(*p)之后的括号中根据需要写上实参。

```
c=(*p)(a,b);
```

表示"调用由 p 指向的函数，实参为 a,b。得到的函数值赋给 c"。

请注意函数返回值的类型。从指针变量 p 的定义中可以知道，函数的返回值应是整型的，因此将其值赋给整型变量 c 是合法的。

（5）对指向函数的指针变量不能进行算数运算，如 p+n，p++，p--等运算是无意义的。

（6）用函数名调用函数，只能调用所指定的一个函数，而通过指针变量调用函数比较灵活，可以根据不同情况先后调用不同的函数。

【例 8.20】输入两个整数，然后让用户选择 1 或 2，选 1 时调用 max 函数，输出二者中的大数，选 2 时调用 min 函数，输出二者中的小数。

思路分析：

这是一个示意性的简单例子，说明怎样使用指向函数的指针变量。定义两个函数 max 和 min，分别用来求大数和小数。在主函数中根据用户输入的数字是 1 或 2，使指针变量指向 max 函数或 min 函数。

程序代码：

```
#include <stdio.h>
int main()
 {int max(int,int);                    // 函数声明
  int min(int x,int y);                // 函数声明
  int (*p)(int,int);                   // 定义指向函数的指针变量
  int a,b,c,n;
  printf("please enter a and b:");
  scanf("%d,%d",&a,&b);
  printf("please choose 1 or 2:");
  scanf("%d",&n);                      // 输入 1 或 2
  if (n==1) p=max;                     // 如输入 1，使 p 指向 max 函数
  else if (n==2) p=min;                // 如输入 2，使 p 指向 min 函数
  c=(*p)(a,b);                         // 调用 p 指向的函数
  printf("a=%d,b=%d\n",a,b);
  if (n==1) printf("max=%d\n",c);
  else  printf("min=%d\n",c);
  return 0;
}

int max(int x,int y)
 {int z;
  if(x>y)  z=x;
  else     z=y;
```

```
    return(z);
    }

int min(int x,int y)
  {int z;
  if(x<y)   z=x;
  else      z=y;
  return(z);
  }
```
运行结果:

（1）输入 a、b 的值 34 和 89，选择模式 1。

```
please enter a and b:34,89
please choose 1 or 2:1
a=34,b=89
max=89
```

（2）输入 a、b 的值 34 和 89，选择模式 2。

```
please enter a and b:34,89
please choose 1 or 2:2
a=34,b=89
min=34
```

说明:

在程序中，调用函数的语句是"c=(*p)(a,b);"。从这个语句本身看不出是调用哪一个函数，在程序执行过程中由用户进行选择，输入一个数字，程序根据输入的数字决定指针变量 p 指向哪一个函数，然后调用相应的函数。

这个例子是比较简单的，只是示意性的，但是它很有实用价值。在许多应用程序中常用菜单提示输入一个数字，然后根据输入的不同值调用不同的函数，实现不同的功能，就可以用此方法。当然，也可以不用指针变量，而用 if 语句或 switch 语句进行判断，调用不同的函数。显然，用指针变量使程序更简洁专业。

8.5　本章小结

本章介绍了指针的概念以及不同类型指针变量的特点和使用方法。应该注意到指针变量也是一种变量，在未被赋值以前不会有任何确定的值，也就是说，指针变量所指的值不确定，同时，指针变量同普通变量一样，也要占用内存，这个内存地址可用指向指针的指针变量来保存。要掌握一些常用的指针变量的作用，如指向不同类型变量的指针、指向具有 N 个元素的指针、指向数组的指针、指向字符串的指针、指向函数的指针等，对每一种不同的指针要注意它们的区别，不要混淆指针变量的含义，多动手编写程序进行验证，才能真正理解和掌握。

习　题　八

一、选择题

1. 变量的指针，其含义是指该变量的（　　　）。

    A．地址　　　　　B．值　　　　　C．名字　　　　　D．标识

2. 若已有定义 int x，下列说明指针变量 p 指向 x 的正确语句是（　　　）。

  A．int p=&x;　　　　B．int *p=&x;　　　　C．int p=x;　　　　D．int *p=x;

3. 设已有定义 float x;，则下列对指针变量 p 进行定义且赋初值的语句中正确的是（　　　）。

  A．float *p=1024;　　　　　　　　　　B．int *p=(float)x;

  C．float p=&x;　　　　　　　　　　　D．float *p=&x;

4. 若已有定义 int x=2; int *p=&x;，则*p 的值为（　　　）。

  A．2　　　　　　　B．&x　　　　　　C．*x　　　　　　D．&p

5. 若有说明"int i, j = 7, *p = &i;"，则与"i = j;"等价的语句是（　　　）。

  A．i = *p;　　　　B．*p = *&j;　　　　C．i = &j;　　　　D．i = **p;

6. 设有定义 int n1=0,n2,*p=&n2,*q=&n1;，以下赋值语句中与 n2=n1;语句等价的是（　　　）。

  A．*p=*q　　　　B．p=q　　　　C．*p=&n1;　　　　D．p=*q

7. 设指针 x 指向的整型变量值为 25，则"printf("%d\n", ++*x);"的输出是（　　　）。

  A．23　　　　　　B．24　　　　　　C．25　　　　　　D．26

8. 若有说明语句"int a[10], *p = a;"，对数组元素的正确引用是（　　　）。

  A．a[p]　　　　　B．p[a]　　　　　C．*(p+2)　　　　　D．p+2

9. 若有以下定义，则正确引用数组元素的是（　　　）。

```
int a[5],*p=a;
```

  A．*&a[5]　　　　B．*a+2　　　　C．*(p+5)　　　　D．*(a+2)

10. 已知 p 和 p1 为指针变量，a 为数组名，i 为整型变量，下列赋值语句中不正确的是（　　　）。

  A．p=&i　　　　　B．p=p1　　　　　C．p=&a[i]　　　　　D．p=10

11. 在 16 位编译系统上，若有定义 int a[]={10,20,30},*p=&a;，当执行 p++;后，下列说法错误的是（　　　）。

  A．p 向高地址移了 1 字节　　　　　　B．p 向高地址移了一个存储单元

  C．p 向高地址移了 2 字节　　　　　　D．p 与 a+1 等价

12. 若有以下定义，则对 a 数组元素的正确引用是（　　　）。

```
int a[5],*p=a;
```

  A．p+3　　　　　B．*&a[5]　　　　C．*a+1　　　　D．*(p+3)

13. 若有定义 char(*p)[6];，则标识符 p（　　　）。

  A．是一个指向字符型变量的指针

  B．是一个指针数组名

  C．是一个指针变量，它指向一个含有 6 个字符型元素的一维数组

  D．定义不合法

14. 下面各语句行中，能正确进行赋值字符串操作的是（　　　）。

  A．char s[5]={'a','b','c','d','e'};

  B．char *s;gets(s);

  C．char *s;s="ABCDEF";

  D．char s[5];scanf("%s",&s);

15. 执行语句 char a[10] = {"abcd"}, *p = a;后，*(p+4)的值是（　　　）。

  A．"abcd"　　　　B．'d'　　　　　C．'\0'　　　　　D．不能确定

16. 下面程序段的运行结果是（　　　　）。

```
#include<stdio.h>
void main()
{ char str[]="abc",*p=str;
printf("%d\n",*(p+3));
}
```

　　A. 67　　　　　　　　　B. 0　　　　　　　C. 字符'C'的地址　　　D. 字符'C'

二、填空题

1. "*"称为_____运算符，"&"称为_____运算符。

2. 执行语句 int i=2; int *p; p=&i;后，*p 的值为_____。

3. 若有定义 int i; int *p =&i;则&*p 等价于_____。

4. 若 d 是已定义的双精度变量，再定义一个指向 d 的指针变量 p 的代码是_____。

5. 设 int a[10],*p = a;，则对 a[3]的引用可以是 p[3]和*(p)_____。

6. 设有 char *a="ABCD"，则 printf("%c", *a)的输出是_____。

7. 设有 char *a="ABCD"，则 printf("%s", a)的输出是_____。

8. 指针变量作为函数的参数时，实参与形参之间传递的是_____。

9. 下面程序段的运行结果是_____。

```
char str[]="ABCD",*p=str;
printf("%d",*(p+3));
```

10. 以下程序的输出结果是_____。

```
#include<stdio.h>
void swap(int *a,int *b)
{
  int *t ;
  t=a;a=b;b=t;
}
main()
{
  int i=3,j=5,*p=&i,*q=&j;
  swap(p,q);printf("%d %d",*p,*q);
}
```

11. 以下程序的输出结果是_____。

```
#include<stdio.h>
main()
{
 int a[5]={2,4,6,8,10},*p;
 p=a;p++;
 printf("%d",*p);
}
```

三、判断题

1. C99 中可定义基类型为 void 的指针变量，这是能指向任何类型的变量。　　　（　　　）

2. 程序段 int a, m=4, n=6, *p1=&m, *p2=&n; a=(*p1)/(*p2)+5; 执行后 a 的值为 5。　（　　　）

3. printf("%d",a[i])与 printf("%d",*(a+i))语句起到的作用相同，前者执行的效率高。（　　　）

4. 程序 void f(int *n){ while((*n)--); printf（"%d",++(*n)); } main() { int　a=1; f(&a); } 没有输出结果。　　　　　　　　　　　　　　　　　　　　　　　　　　　　　　　　　（　　　）

5. 程序段 int *p,a=2; p=&a; printf("%d",*(p++)); 的输出结果是 2。　　　　　（　　　）

6. 交换两个指针变量 p1 和 p2 的程序是 temp=*p1; *p1=*p2; *p2=temp;。　　（　　　）

7. 所谓数组元素的指针就是指数组元素的地址。 （ ）

8. 作形参的数组名不是一个固定的地址，而是按指针变量处理。 （ ）

9. 将 p 指向字符串"China"的程序段是 char *p; p= "China";。 （ ）

10. 定义指向函数的指针的格式是 int *p(int,int);。 （ ）

四、编程题

以下编程题均要求用指针方法处理。

1. 输入 3 个整数，按从大到小的次序输出。

2. 有 3 个整型变量 i、j、k，请编写程序，设置 3 个指针变量 p1、p2、p3，分别指向 i、j、k。然后通过指针变量使 i、j、k 3 个变量的值顺序交换，即把 i 的原值赋给 j，把 j 的原值赋给 k，把 k 的原值赋给 i。要求输出 i、j、k 的原值和新值。

3. 输入 10 个整数，将其中最小的数与第一个数对换，把最大的数与最后一个数对换，写 3 个函数：①输入 10 个数；②进行处理；③输出 10 个数。

4. 有 n 个整数，使前面各数顺序向后移 m 个位置，最后 m 个数变成最前面 m 个数。写一个函数实现以上功能，在主函数中输入 n 个整数和输出调整后的 n 个数。

5. 写一个函数，将一个 3×3 的整型矩阵转置。

6. 将一个 5×5 的矩阵中最大的元素放在中心，4 个角分别放 4 个最小的元素（顺序为从左到右，从上到下依次从小到大存放），用一函数实现。用 main 函数调用。

7. 输入 3 个字符串，按由小到大的顺序输出。

8. 写一个函数，求一个字符串的长度。在 main 函数中输入字符串，并输出其长度。

9. 有一个字符串，包含 n 个字符。写一个函数，将此字符串中从 m 个字符开始的全部字符复制成为另一个字符串。

10. 将 n 个数按输入时顺序的逆序排列，用函数实现。

11. n 个人围成一圈，顺序排号。从第一个人开始报数（从 1 到 3 报数），凡是报到 3 的人退出圈子，问最后留下的是原来第几号的那位？

实 验 指 针

【实验目的】

（1）掌握指针的概念和定义方法。

（2）掌握指针的操作符和指针运算。

（3）掌握指针和数组的关系。

【实验内容】

编程并上机调试运行以下程序（都要求用指针处理）。

1. 输入 3 个整数，按由小到大的顺序输出。

（1）思路解析。定义一个函数，用来做两个变量值的交换。在主函数中，将 3 个整数两两比较大小，若前面的数值大于后面的数值则调用函数做数值交换。

注意，定义函数时，要使用指针变量作为函数参数。

（2）流程图如图 8-21 所示。

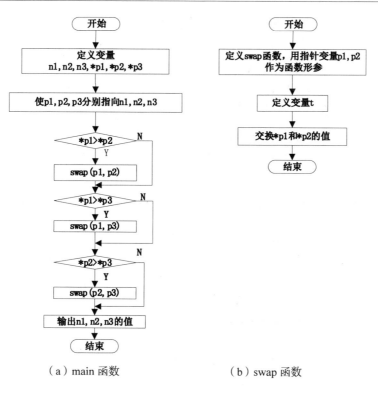

（a）main 函数　　　　　　　（b）swap 函数

图 8-21　实验 1 流程图

2．输入 10 个整数，将其中最小的数与第一个数对换，把最大的数与最后一个数对换，写 3 个函数：①输入 10 个数；②进行处理；③输出 10 个数。

（1）思路解析。定义 input 函数，用来输入 10 个数；定义 max_min_value 函数，用来处理数据；再定义 output 函数，用来输出 10 个数。在这 3 个函数中均使用指针变量作为函数形参。

解题关键在于 max_min_value 函数，在此函数中利用指针方式，采用打擂台算法，找出数组中的最大值和最小值，并将最小值与数组第一个数对换，最大值与数组最后一个数对换。

（2）程序流程如图 8-22 所示。

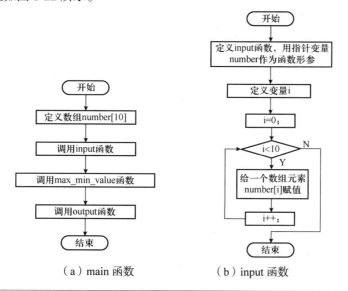

（a）main 函数　　　　　　　（b）input 函数

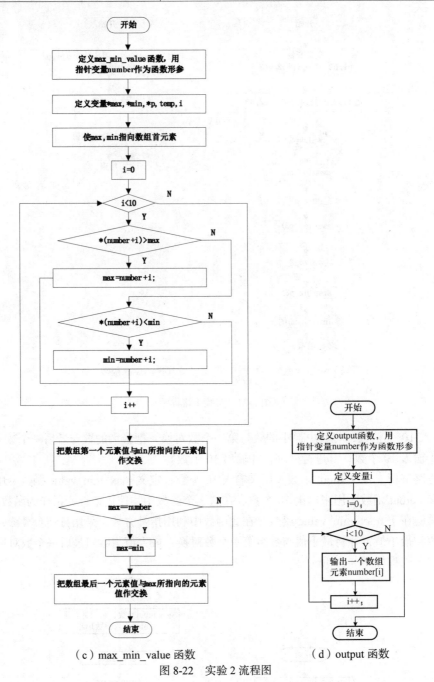

（c）max_min_value 函数　　　　（d）output 函数

图 8-22　实验 2 流程图

第9章
结构体与共用体

9.1 结构体类型引入

在实际工作和生活中，经常会用到一些表格数据，如学生信息管理表，如表 9-1 所示。

表 9-1　　　　　　　　　　　　　　学生信息管理表

学号	姓名	性别	年龄	专业	入学成绩
1	李平	男	18	计算机	545
2	王芳	女	19	英语	550
3	王胜男	女	20	金融	548
4	张丽	女	18	法学	558
5	孙杨	男	19	通信	565
...					

如何在计算机程序设计中实现对上述表格内容的管理？根据以前所学知识，数组是具有相同类型数据的集合，可以对学号、姓名、性别、年龄、籍贯、专业、入学成绩分别定义数组实现管理。设计如下能管理 100 个学生的数组并初始化。

```
int stuNum[100]={1,2,3,4,5……};
                /*最多可以管理100个学生，每个学生的学号用 int 数据类型表示*/
char stuName[100][10]={{"李平"},{"王芳"},{"王胜男"},{"张丽"},{"孙杨"}……};
                /*学生姓名用字符数组，姓名最多可以占10字节*/
char stuSex[100][2]={{"男"},{"女"},{"女"},{"女"},{"男"}……};
                /* 性别占2字节*/
int stuAge[100]={18,19,20,18,19……};
                /*存放学生年龄*/
char stuMajor[100][10]={{"计算机"},{"英语"},{"金融"},{"法学"},{"通信"}……};
                /*存放学生专业*/
int stuScore[100]={545,550,548,558,565……};
                /*存放学生入学成绩*/
```

存放不同内容的数组在内存中分散于不同的位置，也就是说，任何一个学生的信息零散在内存的各处，要了解一个学生的所有信息，需要到内存的不同地方寻找，效率低，结构零散，不易管理；并且在初始化时，若某个学生信息录入错位，则会导致后边所有信息出错。

如何把每个学生不同类型的数据信息集中存放在内存的某一段内，统一管理？为了解决这个问题，C 语言中给出了一种构造数据类型——结构体。结构体可由不同类型的成员组成，每一个成员可以是一个基本数据类型又或者是一个构造类型。

结构既是一种"构造"而成的数据类型，那么在说明和使用之前必须先定义它，也就是构造它，如同在说明和调用函数之前要先定义函数一样。

9.2 结构体类型与结构体变量

结构体（Structure）是一个或多个相同数据类型或不同数据类型的变量集合在一个名称下的用户自定义数据类型。

9.2.1 结构体类型的声明

结构体声明（Declaration of Structure）以关键字 struct 开始，形式如下。

```
struct 结构体名
{
    成员变量声明语句;
};
```

结构体声明由若干个成员（Member）声明组成，每个成员都是该结构体的一个组成部分。对每个成员也必须做类型说明，其形式如下。

类型说明符 成员名;

结构体、成员名的命名应符合标识符的书写规定。例如，定义结构体类型 Student 如下。

```
struct Student
{
    int stuNum;             /*整型成员：学号*/
    char stuName[10];       /*字符数组成员：姓名*/
    char stuSex[2];         /*字符数组成员：性别*/
    int stuAge;             /*整型成员：年龄*/
    char stuMajor[10] ;     /*字符数组成员：专业*/
    int stuScore;           /*整型成员：成绩*/
};
```

此例中声明了一种新的结构体类型，结构体类型名为 struct Student，结构体名也称为"结构体标记"（structure tag）。在该结构体定义中，结构体名为 Student，结构体由 6 个成员组成，成员分别为 stuNum、stuName、stuSex、stuAge、stuMajor 和 stuScore。该结构体相当于定义一个模型，对应表 9-1，与 int、float 和 char 具有同等地位，Student 结构体可以理解为设计定义了一个表头，而表中尚无实际内容，如图 9-1 所示。

stuNum	stuName	stuSex	stuAge	stuMajor	stuScore

图 9-1　Student 结构体

上述 struct Student 结构体定义中，所有的成员都是基本数据类型或数组类型。但在结构体声明中，成员也可以是另一种结构体类型，即构成了嵌套的结构体，举例如下。

```
struct Date
{
  int year;
  int month;
  int day;
};
struct Student1
{
  int stuNum;
  char stuName[10];
  char stuSex[2];
  struct Date birthday;  //成员 birthday 属于 struct Date 类型
  char stuMajor[10] ;
  int stuScore;
};
```

struct Date 类型表示"日期"，包括 3 个成员：year、month、day，在新声明的 struct Student1 类型中，成员 birthday 指定为 struct Date 类型，则 struct Student1 类型如图 9-2 所示。

stuNum	stuName	stuSex	birthday			stuMajor	stuScore
			year	month	day		

图 9-2　结构体嵌套定义表头

对编译系统而言，声明一个结构体意味着定义一个新的用户自定义数据类型，不为 struct Student 分配内存空间，同 int 类型一样，若要应用该结构体类型，需要定义该结构体类型的变量。

9.2.2　结构体类型变量的定义

结构体类型声明后，可进行变量定义，如上例，凡说明为结构体 Student 的变量都由上述 6 个成员组成。

说明结构体变量有以下 3 种方法。以上面定义的结构体 Student 为例来加以说明。

（1）先定义结构体，再说明结构体变量。

按前面声明的结构体类型 struct Student 定义变量。

struct Student stu1,stu2;

上述语句定义了两个变量 stu1 和 stu2 为 Student 结构体类型，stu1 和 stu2 是结构体类型变量名。假设 stu1 和 stu2 都赋过值，每个变量的内容如图 9-3 所示。

| stu1: | 1 | 李平 | 男 | 18 | 计算机 | 545 |

| stu2: | 2 | 王芳 | 女 | 19 | 英语 | 550 |

图 9-3　赋值后的结构体变量

结构体变量定义后，系统为每个变量分配相应的内存，内存大小由声明的结构体决定。但计算机对内存的管理是以"字"为单位的（设计算机系统 4 字节为一个"字"），如果在一个"字"中只存放一个字符，占 1 字节，但该"字"中的其他 3 字节不会接着存放下一个数据，而会从下一个"字"开始存放其他数据。所以结构体变量所占内存字节数，不能简单地对各成员类型进行简单求和来计算字节数，可以使用 sizeof 运算符，这样会使程序的可移植性变强。如结构体类型

struct Student，所占字节数大小是 sizeof（struct Student）。

（2）声明类型的同时定义变量。

举例如下。

```
struct Student
 {
   int stuNum;
   char stuName[10];
   char stuSex[2];
   int stuAge;
   char stuMajor[10] ;
   int stuScore;
}stu1,stu2;
```

这种方法的作用与第一种方法相同，在声明结构体类型 struct Student 的同时定义结构体变量 stu1，stu2。

这种形式的说明的一般形式如下。

```
struct 结构名
{
  成员表列
}变量名表列;
```

（3）不指定类型名，声明结构体类型时直接定义结构体变量。

举例如下。

```
struct
 {
   int stuNum;
   char stuName[10];
   char stuSex[2];
   int stuAge;
   char stuMajor[10] ;
   int stuScore;
}stu1,stu2;
```

第三种方法与第二种方法的区别在于第三种方法中省去了结构体类型名，而直接给出结构体变量，第三种方法只能在结构体声明时定义变量。

这种形式说明的一般形式如下。

```
struct
{
成员表列
}变量名表列;
```

上述 3 种方法中说明的 stu1 和 stu2 变量都具有相同的结构体类型。

9.2.3　结构体变量的初始化和引用

结构体变量定义后，就可以对结构体变量进行初始化，即赋初值；然后可以引用这个变量，引用结构体成员的值。

在程序中使用结构体变量时，往往不把它作为一个整体来使用。C 语言中除了允许具有相同类型的结构体变量相互赋值（结构体变量的赋值就是给各成员赋值，可用初始化赋值、输入语句或赋值语句来完成）以外，一般对结构体变量的使用，包括赋值、输入、输出、运算等都是通过结构体变量的成员来实现的，结构体变量成员引用的一般形式如下。

结构体变量名.成员名

举例如下。

stu1.stuNum 即学生 stu1 的学号

stu2.stuName 即学生 stu2 的姓名

【例 9.1】给结构体变量赋值并输出其值。

思路分析：

声明结构体后，定义 stu1、stu2、stu3 3 个结构体变量，分别通过定义时初始化、常量赋值和 scanf 输入的方式给 3 个结构体变量成员赋值。

程序代码：

```c
#include<stdio.h>
void main()
{
    struct Student
    {
        int stuNum;
        char stuName[10];
        int stuAge;
        char stuMajor[10] ;
        int stuScore;
        }stu1={1,"李平",18,"计算机",545},stu2,stu3;
    stu2.stuNum =2;
    stu2.stuAge =19;
    stu2.stuScore=550;
    printf("请输入姓名和专业\n");
    scanf("%s %s",stu2.stuName,stu2.stuMajor);
    stu3=stu2;
    printf("学号 姓名 年龄 专业 入学成绩\n");
    printf("\n %d  %s %d  %s  %d\n",stu1.stuNum,stu1.stuName,stu1.stuAge,
stu1.stuMajor,stu1.stuScore);
    printf(" %d  %s %d  %s   %d\n",stu2.stuNum,stu2.stuName,stu2.stuAge,
stu2.stuMajor,stu2.stuScore);
    printf(" %d  %s %d  %s   %d\n",stu3.stuNum,stu3.stuName,stu3.stuAge,
stu3.stuMajor,stu3.stuScore);
}
```

运行结果：

说明：

（1）struct Student 结构体变量 stu1 在定义时初始化赋值。初始化数据列表是用大括号括起来的常量，这些常量依次赋给结构体变量中的各成员。

注意　　　初始化是对结构体变量初始化，而不是对结构体类型初始化。

结构体变量定义的初始化可以只对某一成员初始化。

```
struct Student stu={.stuName="王胜男"};
```

".stuName"隐含代表结构体变量 stu 中的成员 stu.stuName，其他未设置初始化的数值型成员初始化为 0，字符型成员被初始化为 "\0"。

（2）struct Student 结构体变量 stu2 的 stuNum、stuAge、stuScore 3 个成员变量通过赋值语句赋值。

（3）struct Student 结构体变量 stu2 的 stuName、stuMajor 两个成员变量通过 scanf 函数动态地输入值。

（4）对具有相同结构体类型的变量 stu2、stu3，在对 stu2 赋值后，可以通过整体赋值的方法对 stu3 进行赋值。例如：

```
stu3=stu2;
```

实际执行时按成员逐一复制，复制的结果是两个变量的成员内容完全相同。

（5）结构体变量赋值后，对结构体变量 stu1，不可以做如下输出。

```
printf("%d%s%d%s%d",stu1);       //错误
```

需逐个输出 stu1 的各个成员值。

（6）结构体变量成员可以像普通变量一样进行赋值、关系等运算。例如：

```
stu3. stuScore=600;                        //成员赋值运算
sum=stu1.stuScore+stu2.stuScore+stu3.stuScore
//3 个结构体变量成员 stuScore 求总和
stu3.stuAge++;                           // stu3.stuAge 自加运算
```

（7）若结构体成员本身又属于另一个结构体类型，则要用若干个成员运算符，以级联方式访问结构体成员，举例说明。

```
struct Date
{
   int year;
   int month;
   int day;
};
struct Student1
{
   int stuNum;
   char stuName[10];
   struct Date birthday;   //成员 birthday 属于 struct Date 类型
   char stuMajor[10] ;
   int stuScore;
}stu;
```

成员 stuNum 可直接通过成员运算符访问：stu.stuNum=1;

不能用 stu.birthday 来访问结构体变量 stu 中的 birthday 成员，因为 birthday 本身是一个结构体成员。

结构体 birthday 中成员级联引用方式如下。

```
stu.birthday.year=2015;
stu.birthday.month=6;
scanf("%d\n", &stu.birthday.day);        //和普通变量使用方法相同，用 scanf 输入成员值
```

9.3　结构体数组

一个结构体变量中只能存放一组有关联的数据（如一个学生的学号、姓名、性别、专业、成绩等），也就是只代表二维数据表格中的一个实例，而在实际应用中，一个表格中往往有若干条相关记录，如一个班的学生档案，一个车间职工的工资表等。如何表示一个表格中所有数据记录呢？

构建结构体数组，即每个数组元素都是结构体类型的，可以有效地表示表格中的数据记录。结构体数组的每一个元素都是具有相同结构体类型的下标结构体变量，平时经常用结构体数组来表示具有相同数据结构的一个群体。

结构体数组定义方法和结构体变量定义相似，只需说明它为数组类型即可。

定义格式如下。

（1）定义结构体类型同时定义数组。

```
struct 结构名
{
    成员表列
}数组名[数组长度];
```

（2）先定义结构体类型，再定义数组。

```
struct 结构名
{
    成员表列
};
结构体类型数组名[数组长度];
```

结构体数组初始化是在定义数组的后面加上：

```
结构体类型数组名[数组长度]={初值表列};
```

例如：定义有 30 个学生的结构体数组的程序代码如下。

```
struct Student
{
    int stuNum;
    char stuName[10];
    int stuAge;
    char stuMajor[10] ;
    int stuScore;
};
struct Student stu[30];
```

定义了一个结构体数组 stu，共有 30 个元素，stu[0]～stu[29]。每个数组元素都是 struct Student 的结构体类型。该数组所占的内存空间数为 30*sizeof(struct Student)字节。

结构体数组元素在计算机中连续存放，元素成员按内存相邻的方式排列，如图 9-4 所示。

对结构体数组定义的同时可以做初始化赋值。

```
struct Student stu[30]={{1, "李平", 18, "计算机",545},
                        {2,"王芳", 19, "英语",550},
                        {3, "王胜男", 20, "金融",548},
                        {4, "张丽",18, "法学",558},
                        {5, "孙杨", 19, "通信",565}};
```

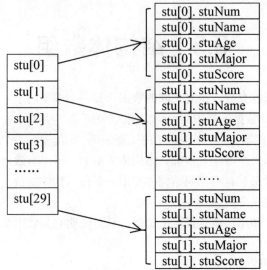

结构体数组在内存中
的存储

图 9-4　结构体数组的内存分布图

定义结构体数组 stu，并对数组前 5 个元素赋值，按数组定义，其他数值型数组元素初始化为 0，字符串型数组元素初始化为空串。

【例 9.2】计算学生的平均成绩、最高成绩和低于 550 分的学生人数。

思路分析：

在声明结构体 struct Student 的同时定义结构体数组 stu[5]，并直接初始化。把第一个数据元素的成绩设为最大值 max，通过循环逐个比较每个元素成绩，比 max 值大的成绩赋值给 max，同时比较每个成绩是否比 550 低，若低于 550，通过计数变量 count 统计低于 550 的成绩个数。

程序代码：

```
#include <stdio.h>
struct Student
{
    int stuNum;
    char stuName[10];
    int stuAge;
    char stuMajor[10] ;
    int stuScore;
}stu[5]={{1,"李平", 18,"计算机",545},
{2,"王芳", 19,"英语",550},
{3,"王胜男", 20,"金融",548},
{4,"张丽",18,"法学",558},
{5,"孙杨", 19,"通信",565}};
void main()
{
    int i,max,count=0,sum=0;    //max:最高成绩, count:不及格人数, sum:成绩总和
    float aver;               //aver 存放平均成绩
    max=stu[0].stuScore;        //最高成绩 max 赋初值
    for(i=0;i<5;i++)
    {
    sum+=stu[i].stuScore;            //成绩求总和
    if(stu[i].stuScore>max) max=stu[i].stuScore;  //查找最大值
```

```
        if(stu[i].stuScore<550) count+=1;        //统计成绩低于 550 的学生人数
          printf (" %d %s %d  %s    %d\n",stu[i].stuNum,stu[i].stuName,stu[i].stuAge,
stu[i].stuMajor,stu[i].stuScore);
    }
    aver=(float)sum/5;            //求平均成绩
    printf("\n平均成绩=%f\n 最高成绩=%d\n 低于 550 分学生人数=%d\n",aver,max,count);
}
```

运行结果如下。

说明：

本例程序中定义了一个外部结构体数组 stu，共 5 个元素，并做了初始化赋值。在 main 函数中用 for 语句逐个累加各元素的 stuScore 成员值并存于 sum 之中，并查找最大值，若 stuScore 成员值小于 550 分即计数器 count 加 1，循环完毕后计算平均成绩，并输出最高成绩、平均分及低于 550 分的学生人数。

9.4　结构体指针

9.4.1　指向结构体变量的指针

一个指针变量当用来指向一个结构体变量时，称之为结构体指针变量。一个结构体变量的指针是该结构体变量所占据的内存空间的首地址，通过结构体指针即可访问该结构体变量。

结构体指针变量说明的一般形式如下。

`struct 结构名 *结构体指针变量名;`

设已经声明了一个结构体类型 struct Student，定义一个指向该结构体类型的指针 pstu。如下。

`struct Student *pstu;`

也可在定义 stu 结构时同时说明 pstu。与前面讨论的各类指针变量相同，结构体指针变量也必须要先赋值才能使用。

赋值是把结构体变量的首地址赋予该指针变量，不能把结构名赋予该指针变量。如果 stu 是被说明为 struct Student 类型的结构体变量，则有如下形式。

`struct Student  stu={1,"李平", 18,"计算机",545};`

`pstu=&stu;`

stu 初始化后，指针 pstu 指向结构体变量 stu 所分配内存区域的首地址，如上所示。

以下结构体指针赋值的方法是错误的。

```
pstu=&Student;
```

结构名和结构体变量是两个不同的概念，不能混淆。结构体类型名只能表示一个结构形式，编译系统并不对它分配内存空间。只有当某变量被说明为这种类型的结构时，才对该变量分配存储空间。因此上面&Student 这种写法是错误的，不可能去取一个结构体类型名的首地址。有了结构体指针变量，就能更方便地访问结构体变量的各个成员。

其访问的一般形式如下。

```
(*结构体指针变量).成员名
```

或为

```
结构体指针变量->成员名
```

举例如下。

```
(*pstu).stuNum
```

或者

```
pstu-> stuNum
```

以上两种引用 stuNum 的方法等价于 stu.stuNum。

应该注意(*pstu)两侧的括号不可少，因为成员符"."的优先级高于"*"。如去掉括号写作
pstu.stuNum 则等效于(pstu.stuNum)，意义就完全不对了。

下面通过例子来给出结构体指针变量的具体说明和使用方法。

【例 9.3】结构体变量的引用。

思路分析：

声明结构体类型 struct Student，并定义结构体变量 stu，同时初始化，通过指向结构体变量的指针 pstu 引用 stu 中的成员。

程序代码：

```
#include <stdio.h>
struct Student
{
    int stuNum;
    char stuName[10];
    int stuAge;
    char stuMajor[10] ;
    int stuScore;
}stu={1,"李平", 18,"计算机",545};
void main()
{
    struct Student  *pstu;    //定义结构体指针 pstu
    pstu=&stu;                //定义指向 struct Student 类型数据的指针变量 pstu
    printf("直接引用结构体变量: \n");
printf("  %d   %s   %d      %s          %d\n",stu.stuNum,stu.stuName,stu.stuAge,
stu.stuMajor,stu.stuScore);                          //直接引用结构体变量成员
    printf("\n 用"."运算符引用结构体变量: \n");
     printf(" %d %s %d  %s   %d\n",(*pstu).stuNum,(*pstu).stuName, (*pstu).stuAge,
(*pstu).stuMajor,(*pstu).stuScore);
                      //通过指向结构体变量的指针 pstu 引用 stu 中的成员
    printf("\n 用"->"运算符引用结构体变量: \n");
```

```
        printf(" %d %s %d  %s   %d\n",pstu->stuNum,pstu->stuName,pstu->stuAge,pstu->
stuMajor,pstu->stuScore);
                        //通过指向结构体变量的指针 pstu 引用 stu 中的成员
}
```

运行结果如下。

说明如下。

本例程序声明了一个结构体类型 struct Student，定义了 struct Student 类型结构体变量 stu 并做了初始化赋值，还定义了一个指向 stu 类型结构的指针变量 pstu。在 main 函数中，pstu 被赋予 stu 的地址，因此 pstu 指向 stu。然后在 printf 语句内用 3 种形式输出 stu 的各个成员值。

从运行结果可以看出：

结构体变量.成员名

(*结构体指针变量).成员名

结构体指针变量->成员名

这 3 种用于表示结构体成员的形式是完全等效的。

9.4.2　指向结构体数组的指针

结构体指针变量可以指向一个结构体数组，这时结构体指针变量的值是整个结构体数组的首地址。结构体指针变量也可指向结构体数组的一个元素，这时结构体指针变量的值是该结构体数组元素的首地址。

设 ps 为指向结构体数组的指针变量，则 ps 也指向该结构体数组的 0 号元素，ps+1 指向 1 号元素，ps+i 则指向 i 号元素。这与普通数组的情况是一致的。

【例 9.4】用指针变量输出结构体数组。

思路分析：

声明结构体类型 struct Student，并定义结构体数组 stu[5]，同时初始化，定义结构体类型指针指向数组，并引用数组中元素成员值。

程序代码：

```
#include <stdio.h>
struct Student
{
    int stuNum;
    char stuName[10];
    int stuAge;
    char stuMajor[10] ;
    int stuScore;
} stu[5]={{1,"李平", 18,"计算机",545},
{2,"王芳", 19,"英语",550},
{3,"王胜男", 20,"金融",548},
{4,"张丽",18,"法学",558},
{5,"孙杨", 19,"通信",565}};
voidmain()
```

指向结构体数据的指针
访问数组元素

```
    {
        struct Student *ps;
        printf("学号\t 姓名\t 年龄\t 专业\t 成绩\t \n");
        for(ps=stu;ps<stu+5;ps++)
        printf("%d\t%s\t%d\t%s\t%d\t\n",ps->stuNum,ps->stuName,ps->stuAge,ps->stuMajor,
ps-> stuScore);
    }
```

运行结果如下。

说明如下。

在程序中，定义了 Student 结构体类型的外部数组 stu 并做了初始化赋值。在 main 函数内定义 ps 为指向 Student 类型的指针。在循环语句 for 的表达式 1（ps=stu;）中，ps 被赋予 stu 的首地址，然后循环 5 次，输出 stu 数组中各元素成员值，如指针变量，如图 9-5 所示。

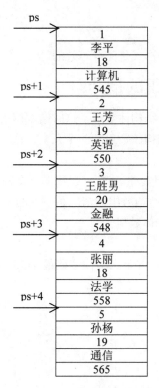

图 9-5　指向结构体数组的指针

应该注意的是，一个结构体指针变量虽然可以用来访问结构体变量或结构体数组元素的成员，但是，不能使它指向一个成员。也就是说不允许取一个成员的地址来赋予它。因此，下面的赋值是错误的。

```
ps=&stu[1]. stuAge;              //错误，指针不能直接指向一个数组元素成员
```

而只能是

```
ps=stu;                          //赋予数组首地址
```

或者是

ps=&stu[1];//赋予 1 号元素首地址

9.5　结构体与函数

把结构体变量传递给函数的方式有 3 种。

（1）传递结构体变量的单个成员。如用 stu[1].stuAge 作为函数实参，将实参值传给形参。用法与普通变量作实参一样，属于"值传递"方式，但要注意实参与形参类型应一致。

（2）用结构体变量作实参。用结构体变量作实参时，采取的是"值传递"方式，将结构体变量所占的内存单元的内容全部按顺序传递给同种结构体类型的形参变量。

函数调用期间，形参也要占用和实参同样大小的内存单元，这种传递方式在空间和时间上开销较大。若结构体规模较大的话，空间浪费较多。此外，由于采用"值传递"方式，函数执行过程中，形参值可能发生变化，但变化结果不能返回主调函数，不利于程序设计，一般不使用这种方法。

（3）传递指向结构体变量的指针。用一个指向结构体变量的指针（或一个结构体的地址）作为函数参数，该方式实质传递的是一个地址，节约时间和空间，效率较高。

【例 9.5】计算一组学生的平均成绩和成绩低于 550 分的人数。用结构体指针变量作函数参数编程。

思路分析：

声明结构体类型 struct Student，并定义结构体数组 stu[5]，同时初始化，定义函数 aver，结构体指针变量作为函数参数引用数组内容。

程序代码：

```
#include <stdio.h>
struct Student
{
    int stuNum;
    char stuName[10];
    int stuAge;
    char stuMajor[10] ;
    int stuScore;
} stu[5]={{1,"李平", 18,"计算机",545},
{2,"王芳", 19,"英语",550},
{3,"王胜男", 20,"金融",548},
{4,"张丽",18,"法学",558},
{5,"孙杨", 19,"通信",565}};
main()
{
    struct Student *ps;
    void aver(struct Student *ps);
    ps=stu;
    aver(ps);
}
void aver(struct Student *ps)
{
    int count=0,i;
```

```
        float ave,s=0;
        for(i=0;i<5;i++,ps++)
        {
            printf("  %d %s %d   %s    %d\n",(*ps).stuNum,(*ps).stuName,(*ps).stuAge,
(*ps).stuMajor, (*ps).stuScore);
            s+=ps->stuScore;
            if(ps->stuScore<550) count+=1;
        }
    ave=s/5;
    printf("平均分=%f\n 学生人数=%d\n",ave,count);
}
```

运行结果：

说明：

本程序中定义了函数 aver，其形参为结构体指针变量 ps。stu 被定义为外部结构体数组，因此在整个源程序中有效。在 main 函数中定义了结构体指针变量 ps，并把 stu 的首地址赋予它，使 ps 指向 stu 数组。然后以 ps 作为实参调用函数 aver。在函数 aver 中完成计算平均成绩和统计低于 550 分的人数并输出结果。

由于本程序全部采用指针变量进行运算和处理，故速度更快，程序效率更高。

9.6　动态数据结构——链表

我们可以采用数组存储一批同类数据，数组在程序设计时使用方便，灵活性强。但数组也同样存在一些弊端，数组的大小在定义时要事先规定，不能在程序中根据实际需要进行调整。例如要存储一个班 30 个学生信息，需要定义具有 30 个元素的结构体数组，班级里若转来新生或有学生退学，原来存储学生信息的固定大小的结构体数组难以满足需要。同时，C 语言中数组不能动态说明，即数组长度不能是变量。

举例如下。

```
int n;
scanf("%d",&n);
int stu[n];                              //错误
```

因此，在实际设计时，只能够根据可能的最大需求来定义数组，这样常常会造成一定存储空间的浪费。

为了解决上述问题，程序设计中希望出现一种新的数据结构，类似动态的数组，随时可以调整数组的大小，以满足程序设计中不同规模问题的需求。

链表就是我们需要的动态数组，它根据 C 语言提供的内存管理函数，在程序的执行过程中要按需动态地分配内存空间，也可把不再使用的空间回收待用，以有效地利用内存资源。

常用的内存管理函数有以下 3 个，使用时需要引入头文件 stdlib.h。

定义结构体如下。

```
struct Student
{
    int stuNum;
    char stuName[10];
    int stuAge;
    char stuMajor[10] ;
    int stuScore;
};
```

（1）分配内存空间函数 malloc。

调用形式如下。

```
(类型说明符*)malloc(size)
```

功能：在内存的动态存储区中分配一块长度为"size"字节的连续区域。函数的返回值为该区域的首地址。

"类型说明符"表示把该区域用于何种数据类型。

(类型说明符*)表示把返回值强制转换为该类型指针。

"size"是一个无符号数。

举例如下。

```
struct  Student  *pc;
pc=(struct Student *)malloc(10*sizeof(struct Student));
```

表示分配 10*sizeof(struct Student)字节的内存空间，语句中的(struct Student *)是将申请的内存强制为结构体指针，并赋给指针变量 pc，若不强制转换，则会把 malloc()返回的 void 型指针赋值给 struct Student 型指针，编译出错。

（2）分配内存空间函数 calloc。

调用形式如下。

```
(类型说明符*)calloc(n,size)
```

功能：在内存动态存储区中分配 n 块长度为"size"字节的连续区域。函数的返回值为该区域的首地址。

```
(类型说明符*)用于强制类型转换。
```

calloc 函数与 malloc 函数的区别仅在于 calloc 可以一次分配 n 块区域。

举例如下。

```
struct  Student  *ps;
ps=(struct Student *)calloc(2,sizeof(struct Student));
```

其中的 sizeof(struct Student)是求 Student 的结构长度。因此该语句的意思是：按 Student 的长度分配 2 块连续区域，强制转换为 Student 类型，并把其首地址赋予指针变量 ps。

（3）释放内存空间函数 free。

调用形式如下。

```
free(void*ptr);
```

功能：释放 ptr 所指向的一块内存空间，ptr 是一个任意类型的指针变量，它指向被释放区域的首地址。被释放区应是由 malloc 或 calloc 函数所分配的区域。

【例 9.6】分配一块区域，输入一个学生数据。

思路分析：

声明结构体 struct Student，定义结构体指针 pstu，并指向函数 malloc 动态分配的空间，给各成员赋值，并输出。

程序代码：

```
#include<stdio.h>
#include<stdlib.h>
#include<string.h>
struct Student
{
    int  stuNum;
    char stuName[10];
    int  stuAge;
    char stuMajor[10] ;
    int  stuScore;
}*pstu;
void main()
{ pstu=(struct Student *)malloc(sizeof(struct Student));
    pstu->stuNum =1;
    strcpy(pstu->stuName,"李平");
    pstu->stuAge=18;
    strcpy(pstu->stuMajor,"计算机");
    pstu->stuScore =545;
    printf("学号=%d\n 姓名=%s\n",pstu->stuNum,pstu->stuName);
    printf("年龄=%d\n 性别=%s\n 成绩=%d\n",pstu->stuAge,pstu->stuMajor,pstu->stuScore);
    free(pstu);
}
```

运行结果：

说明：

本例中，定义了结构体 Student 及 Student 类型指针变量 pstu。利用 malloc 函数分配一块 sizeof(struct Student)大小的内存区，并把首地址赋予 pstu，使 pstu 指向该区域。再通过 pstu 结构体指针变量引用并对各成员赋值，并以 printf 输出各成员值。最后用 free 函数释放 pstu 指向的内存空间。整个程序包含了申请内存空间、使用内存空间、释放内存空间 3 个步骤，实现了存储空间的动态分配。

9.6.1 链表的概念

例 9.6 中采用了动态分配的办法为一个结构体分配内存空间。每一次分配一块空间可用来存放一个学生的数据信息，可称之为一个结点。实际应用中，可以根据需要一个学生分配一个结点，无需预先确定学生的准确人数，某学生退学，可删去该结点，并释放该结点占用的存储空间，从而节约了宝贵的内存资源。

使用动态分配时，每个结点之间可以是不连续的（结点内是连续的）。结点之间的联系可以用指针实现。即在结点结构中定义一个成员项用来存放下一结点的首地址，这个用于存放地址的成员，常把它称为指针域，即在第一个结点的指针域内存入第二个结点的首地址，在第二个结点的指针域内又存放第三个结点的首地址，如此串连下去直到最后一个结点。最后一个结点因无后续结点连接，其指针域可赋为 Null。

这种存储方式称之为链表（Linked Table）。链表的每个元素称为一个结点（Node），每个结点都包含两部分（第一部分 data，第二部分 next）。data 是用户需要的数据（可以是一个成员，也可以是多个成员：学号 stuNum，姓名 stuName，成绩 stuScore 等），称为链表的数据域；next 为下一个结点的地址，或称为指向下一个结点的指针，它也称为链表的指针域。链表有一个头指针变量 head，它指向存放链表的第一个元素，即指向第 1 个结点。图 9-6 所示为最简单链表的原理图。

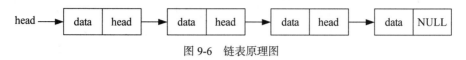

图 9-6　链表原理图

链表中的每一个结点都是同一种结构体类型。例如，一个存放学生学号、姓名和成绩的链表结点定义如下。

```
struct Link
{ int stuNum;
  char stuName
  int stuScore;
  struct Link *next;
}
```

链表的建立、插入、删除存储

前 3 个成员项组成数据域，分为学号 stuNum、姓名 stuName、成绩 stuScore，后一个成员项 next 构成指针域，它是一个指向 Link 类型结构的指针变量。

9.6.2　链表的操作

链表的主要操作有以下几种。

（1）建立链表与链表输出。

（2）删除一个结点。

（3）插入一个结点。

以下面定义的链表结构体为例体现链表的操作。

```
struct Link
    { int stuNum;
      char stuName[10];
      int stuScore;
      struct Link *next;
    }
```

1．建立链表与链表输出

建立链表，首先要为新建结点动态申请内存，让指针 p1 指向新建结点，head 指向头结点，p2 指向尾结点，然后，将新建结点添加到链表中，添加新结点到链表有两种情况。

（1）若原链表为空，将新建结点置为首结点，如图 9-7 所示。

（2）若原链表为非空，则将新建结点添加到表尾，具体过程如图 9-8 所示。

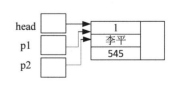

图 9-7　空链表添加结点示意图

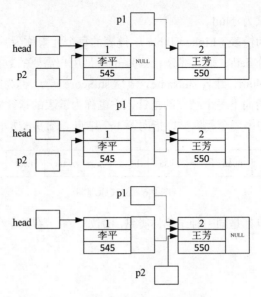

图 9-8　非空链表添加结点示意图

2. 链表的删除操作

链表的删除操作就是将一个结点从链表中删除，链表删除需要注意以下几点。

（1）如果链表为空，则无需删除结点，输出提示，退出程序。

（2）如果找到待删除结点，若该结点是首结点，只需将头指针 head 指向该结点的下一个结点，即可删除该结点，如图 9-9 所示。

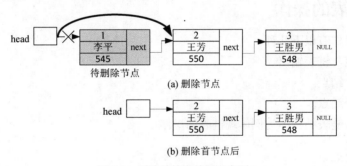

图 9-9　删除首结点前后示意图

（3）若找到的待删除结点不是首结点，需要将前一结点的指针指向当前结点的下一结点，即可删除当前结点，如图 9-10 所示。

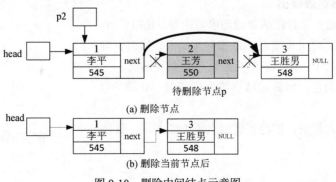

图 9-10　删除中间结点示意图

（4）若已搜索到链表尾，仍未找到待删除结点，则显示"未找到"提示信息。

3. 链表的插入操作

链表的插入是将一个新建结点按序插入到已经建立好的链表中，插入后链表仍维持原序不变。

（1）若原链表为空表，新插入结点作为首结点，让 head 直接指向新插入结点 p，如图 9-11 所示。

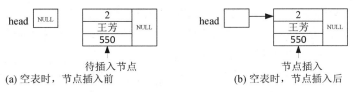

(a) 空表时，节点插入前　　　　　　　(b) 空表时，节点插入后

图 9-11　原链表为空表时结点插入过程

（2）若按结点数据信息的顺序，新结点应插入在首结点前，新结点的指针域指向原链表的头结点，p->next=head，则将 head 直接指向新结点 p，如图 9-12 所示。

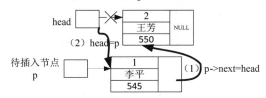

图 9-12　原链表非空时插入到首结点前的过程

（3）若按结点数据顺序，新结点需插入到链表尾，则将链表最后一个结点的指针域指向待插入结点 p，如图 9-13 所示。

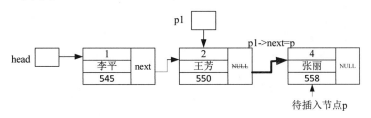

图 9-13　新结点插入到尾结点后的过程

（4）若按结点数据顺序，新插入结点需插入到链表中间，则将待插入结点 p 的指针指向下一个结点，p->next=p2->next，而前一结点的指针域指向待插入结点 p，p2->next=p，如图 9-14 所示。

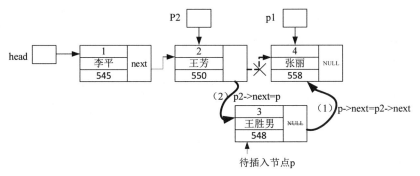

图 9-14　在链表中间插入新结点的过程

【例 9.7】通过菜单实现一个学生信息链表的建立、结点删除、插入，学生信息包括：学号、姓名、成绩。

思路分析：

定义文字菜单，通过输入不同的数值选择相应的操作，分别定义 Createlink（建立链表）、Displink（输出链表）、DeleteNode（删除链表结点）、InsertNode（有序链表中插入新结点）、Releasememory（释放链表所占用空间）5 个函数完成链表操作。

其中，结点删除函数 DeleteNode 实现针对已建立的链表，输入要删除的结点数据项信息，在链表中搜索结点并删除，若找不到，给出提示信息。

插入结点函数 InsertNode 的定义实现针对已建立的有序链表，输入要插入结点数据信息，在链表中搜索结点插入位置，有序插入新结点。

程序代码：

```
#define LEN sizeof (struct Link)
#include <stdio.h>
#include <stdlib.h>
#include <string.h>
struct Link *Createlink(struct Link *head);      //函数声明：链表建立
void Displink(struct Link *head);                //函数声明：链表输出
struct Link *DeleteNode(struct Link *head,int num);  //函数声明：删除结点
struct Link *InsertNode(struct Link *head,int num,char name[10],int score);
                    //函数声明：链表中插入结点
void Releasememory(struct Link *head);      //函数声明：释放链表结点所占空间
struct Link
{
    int stuNum;
    char stuName[10];
    int stuScore;
    struct Link *next;
};
void main()
{
  struct Link *head=NULL;    //建立空链表
  int i = 1, num,score;
  char name[10];
  while ( i )
  {
  /*输入提示信息*/
  printf("1--建立新的链表\n");
  printf("2--按序插入新结点\n");
  printf("3--删除结点\n");
  printf("4--输出当前表中的元素\n");
  printf("5--释放链表中结点所占空间\n");
  printf("0--退出\n");
  scanf("%d",&i);
  switch(i)
   {
    case 1:
     head= Createlink(head);    //建立链表
```

```
          break;
        case 2:
          printf("请输入要插入学生结点信息的学号，姓名，成绩:\n");
          scanf("%d %s %d",&num,&name,&score);
          head=InsertNode(head,num,name,score);
          Displink(head);
          break;
        case 3:
          printf("请输入要删除结点的学号:");
          scanf("%d",&num);
          head=DeleteNode(head,num);
          break;
        case 4:
          printf("链表中数据信息 : \n");
          Displink(head);                //链表输出
          break;
        case 5:
          Releasememory(head);           //释放链表所占空间
          return;
          break;
        default:
          printf("退出程序\n");
      }
  }
}
/*函数功能：新建一个链表，新建立结点添加到链表末尾
函数参数：结构体指针变量 head，表示原有链表的头结点指针
函数返回值：添加结点后的链表的头结点指针  */
struct Link *Createlink(struct Link *head)
{
    struct Link *p1,*p2;
    char c;
    printf("\n 添加新的结点吗(Y/N)?");     //输入 1 表示添加新的结点
    scanf(" %c",&c);
    while(c=='Y' || c=='y')
    {
        p1=(struct Link *) malloc(LEN);              //为新结点申请内存
        if(p1==NULL)
        {
            printf("内存分配失败! ");
            exit(0);
        }
        printf("请输入学生学号、姓名、成绩: \n");
        scanf("%d %s %d",&p1->stuNum,&p1->stuName,&p1->stuScore);
        if(head==NULL)                   //空链表时，新建立结点作为第一个结点
        {
            head=p1;
        }
        else
        {
            p2->next=p1;
```

```
        }
        p1->next=NULL;
        p2=p1;                              //p2 指向尾结点
        printf("\n 添加新的结点吗(Y/N)?");    //输入 1 表示添加新的结点
        scanf(" %c",&c);
    }
    return(head);
}
/*函数功能：显示已建好链表中结点的结点序号及结点中的数据项内容
函数参数：结构体指针变量 head，表示原有链表的头结点指针
函数返回值：无    */
void Displink(struct Link *head)
{
    struct Link  *p=head;
    int j=1;
    while(p!=NULL)
    {
        printf("第%2d 个结点信息: %d %s %d\n",j,p->stuNum,p->stuName,p->stuScore);   //
输出第 j 个节数据
        p=p->next;                                              //让 p 指向下一个结点
        j++;
    }
}
/*函数功能：从已建链表中删除一个学号信息为 num 的结点
函数参数：结构体指针变量 head，表示原有链表的头结点指针，num 表示要删除结点的学号
函数返回值：删除结点后的链表的头结点指针   */
struct Link  *DeleteNode(struct Link *head,int num)
{
    struct Link *p=head,*p1=head;
    if(head==NULL)          //若链表为空，输出提示信息，返回
    {
        printf("链表中无数据! \n");
        return(head);
    }
    /*在链表中搜索要删除的结点，直到链表尾*/
    while (p->stuNum !=num && p->next !=NULL)
    {
        p1=p;                                        //p1 指向要删除结点的前一个结点
        p=p->next;
    }
    if(p->stuNum ==num)   //找到待删除结点
    {
        if(p==head)      //待删除结点是首结点，直接让 head 指向第二个结点
        {
            head=p->next;
        }
        else    //待删除结点不是首结点，则将该结点前一个结点的 next 指针指向当前结点的下一个结点
        {
            p1->next=p->next;
        }
        free(p);   //释放已删除结点所占空间
```

```
    }
    else
    {
        printf("链表中不存在学号对应的学生结点！\n");
    }
    return(head);
}
```

/*函数功能：在按学号排序链表中插入新结点

函数参数：结构体指针变量 head，表示原有链表的头结点指针

　　　　　num、name[10]、score 分别为新插入结点的学号、姓名、成绩

函数返回值：插入结点后的链表的头结点指针　　*/

```
struct Link  *InsertNode(struct Link *head,int num,char name[10],int score)
{
    struct Link *p1=head,*p,*p2;            //新结点在p1前、p2后插入
    p=(struct Link *) malloc(LEN);          //为新结点申请内存
    if(p==NULL)
    {
        printf("内存分配失败！");
        exit(0);
    }
    p->next=NULL;                //新结点的指针域为空
    p->stuNum =num;
    strcpy(p->stuName,name);
    p->stuScore =score;
    if(head==NULL)    //原链表为空，新插入结点为首结点
    {
        head=p;
    }
    else
    {   // 按学号从小大到找新结点的插入位置
        while (p1->stuNum <num && p1->next!=NULL)
        {
            p2=p1;
            p1=p1->next ;
        }
        if(p1->stuNum >num)     //  新结点插入到p1前
        {
            if(p1==head)     //新结点插入到首结点前
            {
                p->next=head;
                head=p;    //新结点变首结点
            }
            else
            {
                p->next=p2->next;
                p2->next=p;
            }
        }
        else                 //在表尾插入新结点
        {
            p1->next=p;
```

```
        }
    }
    return(head);
}
/*函数功能：释放 head 指向的链表中所有结点占用的内存
函数参数：结构体指针变量 head，表示原有链表的头结点指针
函数返回值：无    */
void  Releasememory(struct Link *head)
{
    struct Link *p=head,*p1=NULL;
    while(p!=NULL)
    {
        p1=p;
        p=p->next;
        free(p1);
    }
}
```

运行结果：

（1）程序菜单。

（2）链表建立。

（3）链表删除。

（4）链表插入。

说明：

在函数外首先用宏定义对符号常量做了定义，用 LEN 表示 sizeof(struct Link)主要的目的是在以下程序内减少书写并使阅读更加方便。结构体 Link 定义为外部类型，程序中的各个函数均可使用该定义。

9.7　共用体类型

共用体也是一种构造数据类型，它是将不同类型的变量存放在同一内存区域内。共用体也称为联合体（union）。

9.7.1　共同体类型声明

共用体的类型定义、变量定义及引用方式与结构体相似，但它们有着本质的区别：结构体变量的各成员占用连续的不同存储空间，而共用体变量的各成员占用同一个存储区域。

例如把一个整型变量、一个字符型变量、一个实型变量放在同一个地址开始的内存单元中，以上 3 个变量在内存中占的字节数不同，但都从同一地址开始，也就是使用覆盖技术，后一个数据覆盖前面的数据。

共用体类型变量的一般形式如下。

```
Union 共用体名
{
成员表列
}变量表列;
```

举例如下。

```
Union Data
{ int i;     //表示不同类型的变量 i, ch, d 可以存放到同一段存储空间
 char ch;
 double d;
}data1,data2;    //声明共用体同时定义变量
```

共用体 Data 定义的变量所占空间如图 9-15 所示，i、ch、d 存放到同一段存储空间。

也可将类型声明与变量定义分开。如下。

```
Union Data
{ int i;
  char ch;
  double d;
};
union Data  data1,data2;
```

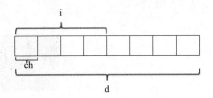

图 9-15　共用体内存分配示意图

即先声明共用体 Union Data，再将 data1 和 data2 定义为 Union Data 类型的变量。

从上例可以看出，结构体与共用体定义形式相似，但意义不同。

结构体变量所占内存长度是各成员占内存长度之和，每个成员分别占有其自己的内存单元。共用体变量所占的内存长度等于最长的成员的长度。例如，上面定义的"共用体"变量 data1 和 data2 各占 8 字节，因为一个 double 型变量占 8 字节，而不是 3 个成员所占空间的累加和。

9.7.2　引用共用体变量的方式

共用体变量需要先定义才能引用，并且不能直接引用共用体变量，只能引用共用体变量中的成员。

举例如下。

data1.i　　（引用共用体变量 data1 中的整型成员 i）

data2.ch　　（引用共用体变量 data2 中的字符成员 ch）

data2.d　　（引用共用体变量 data2 中的双精度成员 d）

不能直接引用共用体变量，如下引用是错误的。

```
printf("%d",data1);
```

因为 data1 的存储区可以按不同的类型存放数据，有不同的长度，仅写共用体变量名，系统无法确定要输出的是哪一个成员值，应该根据要输出的成员确定类型。

```
printf("%d",data1.i);
```

或

```
printf("%c",data1.ch);
```

9.7.3　共用体类型数据的特点

在使用共用体时需要注意以下几点。

（1）同一个内存可以用来存放几种不同类型的成员，但在每一瞬时只能存放其中一种，而不是同时存放几种。也就是说，每一瞬时只有一个成员起作用，其他的成员不起作用，即不是同时存在和起作用。

（2）可以对共用体变量初始化，但初始化表中只能有一个常量。

```
Union Data
{ int i;    //表示不同类型的变量 i, ch, d 可以存放到同一段存储空间
  char ch;
  double d;
};
union Data  data1={16};          //正确
union Data  data2={1,'a',11.2};        //错误,不能初始化 3 个成员
```

（3）共用体变量中起作用的成员是最后一次存放的成员，在存入一个新的成员后原有的成员就失去作用。

```
data1.i=12;
data1.ch="a";
data1.d=12.345;
```

在以上 3 个赋值运算完成后，变量存储单元中存放的是最后存入的 12.345，前面的 12 和'a'都被覆盖。

```
printf("%d",data1.i);     //输出结果是 12
```

（4）共用体变量的地址和它的各成员的地址都是同一地址。

&data1.i 和&data1.ch 相同。

（5）不能对共用体变量名赋值，也不能企图引用变量名来得到一个值，又不能在定义共用体变量时对它初始化。

（6）不能把共用体变量作为函数参数，也不能使函数带回共用体变量，但可以使用指向共用体变量的指针。

（7）共用体类型可以出现在结构体类型定义中，也可以定义共用体数组。反之，结构体也可以出现在共用体类型定义中，数组可以作为共用体的成员。

【例 9.8】存放 3 个员工信息，员工数据信息包括：工号、姓名、性别、年龄、婚姻状况，其中婚姻状况根据员工不同情况设置，分未婚、已婚（要求配偶姓名）、离异（离异时间）。

思路分析：

员工信息定义为一个结构体，但任何一个人在某一时间只能有一种婚姻状态存在，可以把婚姻状况定义为共用体。

程序代码：

```
#include<stdio.h>
struct date   //定义时间结构体
{
    int year;
    int month;
    int day;
};
struct person
{
    int num;
    char name[10];
    char sex;
    int age;
    int marryflag;
    union
    {
        int single;              //单身，该成员设置为年龄
        char spousename[10];     //配偶姓名
        struct date divorcedDay; //离异时间
    }married;
}per[2];
void main()
{ int i;
  for(i=0;i<=2;i++)
    { printf("\n请输入员工的工号、姓名、性别、年龄\n");
      scanf("%d %s %c %d",&per[i].num,&per[i].name,&per[i].sex,&per[i].age);
      printf("请输入该员工婚否：1.未婚,2.已婚,3.离异\n");
      scanf("%d",&per[i].marryflag);
```

```
        if(per[i].marryflag==1)        //未婚, 将 single 设置为年龄
            per[i].married.single=per[i].age;
        else if(per[i].marryflag==2)  //已婚, 输入配偶姓名
        {
            printf("请输入该员工配偶姓名\n");
            scanf("%s",&per[i].married.spousename);
        }
        else if(per[i].marryflag==3) //离异, 输入离异时间
        {
            printf("请输入该员工离异时间: 年、月、日\n");
            scanf("%d %d %d",&per[i].married.divorcedDay.year,\          &per[i].
married.divorcedDay.month,&per[i].married.divorcedDay.day);
        }
        else printf("error!");
    }
    printf("\n");
    printf("工号 姓名 性别 年龄 婚姻状况\n");
    for(i=0;i<=2;i++)
    {
        if(per[i].marryflag==1)
            printf("%-6d%-10s%-6c%-6d%    未婚\n",\
            per[i].num,per[i].name,per[i].sex,per[i].age);
        else if(per[i].marryflag==2)
            printf("%-6d%-10s%-6c%-6d%    已婚, 配偶姓名:%s\n",per[i].num,\
            per[i].name,per[i].sex,per[i].age,per[i].married.spousename);
        else if(per[i].marryflag==3)
            printf("%-6d%-10s%-6c%-6d%    离异, 离异时间:%d-%d-%d\n",\
            per[i].num,per[i].name,per[i].sex,per[i].age,\
            per[i].married.divorcedDay.year,per[i].married.divorcedDay.month,\
            per[i].married.divorcedDay.day);
    }
}
```

运行结果:

说明：

程序中定义日期结构体 date 用来表示离异时间，定义结构体 person 表示员工成员信息，其中员工婚姻状况利用共用体来定义，体现每个人不同的婚姻情况。

输入员工基本的工号、姓名、性别、年龄等信息后，输入婚姻状况标志，根据不同的婚姻状况，输入配偶姓名或离异时间，per[0]中的共用体成员 married 的存储空间中，存放的是离异时间，是结构体数据，person[1]中的共用体成员 married 的存储空间中存放的是配偶姓名，是字符串数据。

9.8　枚　举　类　型

在实际问题中，有些变量的取值被限定在一个有限的范围内。

例如，性别取值只有两个，为男、女；一个星期内只有七天，为星期一到星期日；一年只有 12 个月，为一月到十二月；数值符号只有 10 个，为 0、1、2、3、4、5、6、7、8、9。

C 语言把这种变量只有几种可能值的情况定义为枚举类型（enumeration）。在"枚举"类型的定义中列举出所有可能的取值，被说明为该"枚举"类型的变量取值不能超过定义的范围。

应该说明的是，枚举类型是一种基本数据类型，而不是一种构造类型，因为它不能再分解为任何基本类型。

9.8.1　枚举类型的定义和枚举变量的说明

1. 枚举类型定义的一般形式

enum 枚举名{ 枚举值表 };

在枚举值表中应罗列出所有可用值，这些值也称为枚举元素，如下。

enum sex {male,female};

该枚举名为 sex，枚举值共有 2 个。

enum weekday{ sun,mou,tue,wed,thu,fri,sat };

该枚举名为 weekday，枚举值共有 7 个，即一周中的 7 天。凡被说明为 weekday 类型变量的取值只能是 7 天中的某一天。

2. 枚举变量的说明

如同结构体和共用体一样，枚举变量也可用不同的方式说明，即先定义后说明，同时定义说明或直接说明。

设有变量 a,b,c 被说明为上述的 weekday，可采用下述任一种方式。

enum weekday{ sun,mou,tue,wed,thu,fri,sat };
enum weekday a,b,c;

或者为

enum weekday{ sun,mou,tue,wed,thu,fri,sat }a,b,c;

或者为

enum { sun,mou,tue,wed,thu,fri,sat }a,b,c;

9.8.2　枚举类型变量的赋值和使用

枚举类型在使用中有以下规定。

（1）枚举值是常量，不是变量。不能在程序中用赋值语句再对它赋值。

例如对枚举 weekday 的元素再做以下赋值。

```
sun=5;    //错误，不可对枚举值赋值
sun=mon;  //错误，不可对枚举值赋值
```

（2）枚举元素本身由系统定义了一个表示序号的数值，从 0 开始顺序定义为 0，1，2…。如在 weekday 中，sun 值为 0，mon 值为 1，…，sat 值为 6。

（3）只能把枚举值赋予枚举变量，不能把元素的数值直接赋予枚举变量。

```
enum weekday{ sun,mon,tue,wed,thu,fri,sat } a,b,c;
a=sun;  //正确，a 赋值为周日
b=mon;  //正确，b 赋值为周一
```

是正确的。而

```
a=0;    //错误，不能把数据直接赋予枚举变量
b=1;    //错误，不能把数据直接赋予枚举变量
```

如一定要把数值赋予枚举变量，则必须用强制类型转换。

```
a=(enum weekday)2;
```

其意义是将顺序号为 2 的枚举元素赋予枚举变量 a，相当于 a=tue。

还应该说明的是枚举元素不是字符常量也不是字符串常量，使用时不要加单、双引号。

【例 9.9】枚举类型的应用。

思路分析：

定义枚举类型 data，其中包含 4 个可能值，分别为 a、b、c、d，定义枚举类型数组 month[31]，通过枚举常量对应的数值 0、1、2、3 分别给数组 month[31]元素赋值。

程序代码：

```
#include<stdio.h>
void main()
{
    enum data { a,b,c,d } month[31];  //声明枚举类型，并定义枚举类型数组
    int j;
    int i;
    j=a;              //a 所代表的顺序号 0 赋值给整型变量 j
    for(i=1;i<=30;i++)
    {
        month[i]=(enum data)j;  //将 j 强制转换成枚举类型，赋值 month[i]
        j++;
        if (j>d) j=a;
    }
    for(i=1;i<=30;i++)
    {
        switch(month[i])
        {
        case a:printf("%2d %c\t",i,'a'); break;  //输出 month[i]元素下标及枚举值
        case b:printf("%2d %c\t",i,'b'); break;
        case c:printf("%2d %c\t",i,'c'); break;
        case d:printf("%2d %c\t",i,'d'); break;
        default:break;
        }
    }
```

```
        printf("\n");
    }
```

运行结果：

```
1 a      2 b      3 c      4 d      5 a      6 b      7 c      8 d      9 a     10 b
11 c    12 d     13 a     14 b     15 c     16 d     17 a     18 b     19 c     20 d
21 a    22 b     23 c     24 d     25 a     26 b     27 c     28 d     29 a     30 b
```

说明：

定义枚举类型 enum data，及枚举类型数组 month[31]，给 month[31]中的元素逐个赋值，从 month[1]开始赋值为 0，month[2]=1，month[3]=2，month[4]=3，month[5]=0……循环赋值，最后输出数组元素下标及元素值所对应的枚举值。

9.9   用 typedef 声明新类型名

C 语言中不仅提供了丰富的数据类型，而且还允许由用户自己定义类型说明符，也就是说允许由用户为数据类型取"别名"。类型定义符 typedef 即可用来完成此功能。

typedef 定义的一般形式如下。

```
typedef 原类型名 新类型名
```

其中原类型名中含有定义部分，新类型名一般用大写表示，以便于区别。

例如，有整型量 a,b，其说明如下。

```
int a,b;
```

其中 int 是整型变量的类型说明符。int 的完整写法为 integer，为了增加程序的可读性，可把整型说明符用 typedef 定义如下。

```
typedef int INTEGER
```

以后就可用 INTEGER 来代替 int 作整型变量的类型说明了。

例如：INTEGER a,b；等效于 int a,b;。

用 typedef 定义数组、指针、结构等类型将带来很大的方便，不仅使程序书写简单而且使意义更为明确，因而增强了可读性。

举例如下。

Typedef   char NAME[20]；表示 NAME 是字符数组类型，数组长度为 20。然后可用 NAME 说明变量。

NAME a1,a2,s1,s2；完全等效于 char a1[20],a2[20],s1[20],s2[20]。

用 typedef 也可以定义结构体类型。

```
typedef struct stu
    { char name[20];
      int age;
      char sex;
    } STU;
```

自定义名称 STU 表示 stu 的结构体类型，然后可用 STU 来说明如下结构体变量。

```
STU body1,body2;
```

有时也可用宏定义来代替 typedef 的功能，但是宏定义是由预处理完成的，而 typedef 则是在编译时完成的，后者更为灵活方便。

9.10 本 章 小 结

本章介绍了 C 语言中常用的自定义数据类型，主要包括：结构体、链表、共用体。自定义数据类型的使用需要先声明、定义新数据类型的变量，即数据类型实例化，再对自定义类型的变量进行初始化、引用。自定义数据类型一旦声明完成，其使用方法与普通数据类型（如 int、float 等）一样。但自定义数据类型一般都由若干个基本数据类型组合而成，组成自定义数据类型的基本数据类型变量称为成员，因此自定义数据类型变量不能直接引用，必须细化到成员级别才可操作。编程者可以根据具体的应用设计新的自定义数据类型并实例化完成相应操作处理。

习 题 九

一、选择题

1. 定义以下结构体类型，则语句 printf("%d",sizeof(struct stu)) 的输出结果为（   ）。

```
struct stu
{ int  i;
  char  c;
  float  f;
};
```

　　 A. 3　　　　　　　　 B. 7　　　　　　　　 C. 6　　　　　　　　 D 4

2. 当定义一个结构体变量时，系统为它分配的内存空间是（   ）。

　　 A. 结构体中一个成员所需的内存容量

　　 B. 结构体中第一个成员所需的内存容量

　　 C. 结构体中占内存容量最大者所需的容量

　　 D. 结构体中各成员所需内存容量之和

3. 下列关于结构体类型与结构体变量的说法中，错误的是（   ）。

　　 A. 结构体类型与结构体变量是两个不同的概念，其区别如同 int 类型与 int 型变量的区别一样。

　　 B. "结构体"可将数据类型不同但相互关联的一组数据，组合成一个有机整体使用。

　　 C. "结构体类型名"和"数据项"的命名规则与变量名相同。

　　 D. 结构体类型中的成员名不可以与程序中的变量同名。

4. 定义以下结构体，将结构体变量 s 的生日设置为 "1995 年 12 月 12 日"，下列对"生日"赋值的正确方式是（   ）。

```
struct
{ int year;
int month;
int day; };
struct stu
{ struct date birthday;
 char name[20];
 }s;
```

  A.　year=1995; month=12; day=12;

  B.　birthday.year=1995; birthday.month=12; birthday.day=12;

  C.　s.year=1995; s.month=12; s.day=12;

  D.　s.birthday.year=1995; s.birthday.month=12; s.birthday.day=12;

5.　定义以下结构体数组，则语句 printf("\n%d,%s",s[1].num,s[2].name)的输出结果为（　　　）。

```
struct{
 int no;
 char name[10];
}s[3]={1,"china",2,"USA",3,"England"};
```

  A.　2,USA   B.　3,England   C.　1,china   D.　2,England

6.　设有以下结构体变量定义，能正确引用结构体变量 std 中成员 age 的表达式是（　　　）。

```
struct stu{
  int  age;
  int  name;
}std, *p=&std;
```

  A.　std->age   B.　*std->age   C.　*p.age   D.　(*p).age

7.　若有如下的共用体定义，则 printf("%d\n"，sizeof(s)); 的输出是（　　　）。

```
union{
  long  a[2];
  int  b[4];
  char  c[8]; }s;
```

  A.　32   B.　16   C.　8   D.　24

8.　设有以下说明语句，则下面叙述不正确的是（　　　）。

```
struct stu
{int a;
 float b;
}stutype;
```

  A.　struct 是结构体类型的关键字

  B.　struct stu 是用户定义的结构体类型

  C.　stutype 是用户定义的结构体类型名

  D.　a 和 b 都是结构体成员名

9.　C 语言结构体类型变量在执行期间（　　　）。

  A.　所有成员一直驻留在内存中

  B.　只有一个成员驻留在内存中

  C.　部分成员驻留在内存中

  D.　没有成员驻留在内存中

10.　下列叙述错误的是（　　　）。

  A.　可以通过 typedef 增加新的类型

  B.　可以用 typedef 将已存在的类型用一个新的名字来代表

  C.　用 typedef 定义新的类型名后，原有的类型名仍有效

  D.　用 typedef 可以为各种类型起别名，但不能为变量起别名

11.　下列对结构体类型变量 td 的定义中，错误的是（　　　）。

  A.　typedef struct aa   B.　struct aa

```
{ int n;               { int n;
  float m;               float m;
}AA;                   }td;
AA td;
```

C. struct   D. struct
```
{int n;                { int n;
 float m;                float m;
}aa;                   }td;
struct aa td;
```

二、填空题

1. 变量 p1 有下图所示的存储结构，其中 sp 是指向字符串的指针域，data 用以存放整型数，next 是指向该结构的指针域，完成此结构的类型说明和变量 p1 的定义。

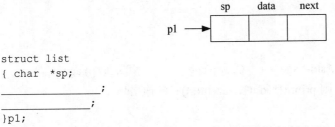

```
struct list
{ char  *sp;
_____;
_____;
}p1;
```

2. 若已建立下面的链表结构，指针 p、s 分别指向图中所示的结点，则能将 s 所指的结点插入到 p 所指向结点之后的语句组是_____。

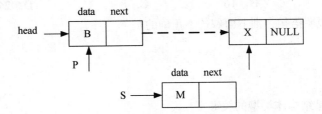

三、判断题

1. C 语言允许用户自己建立由不同类型数据组成的组合型的数据结构，称为结构体。（　　）

2. 结构体数组中每个数组元素都是类型相同的结构体，可以对每个数组元素整体进行输入和输出的操作。　　　　　　　　　　　　　　　　　　　　　　　　　　　　　　（　　）

3. 在定义结构体时，成员的类型必须指定，既可以是简单的数据类型，还可以是构造的数据类型。　　　　　　　　　　　　　　　　　　　　　　　　　　　　　　　　　（　　）

4. 若程序中含有结构体类型，则结构体成员的名字不能与程序中的变量名相同。（　　）

5. 对结构体变量的成员可以像普通变量一样进行各种运算。　　　　　　　　（　　）

四、编程题

1. 设计一个程序，用结构体实现复数的运算。

2. 在计算机领域有一个重要的概念——堆栈。堆栈是指这样一段内存，它可以理解为一个筒结构，先放进筒中的数据被后放进筒中的数据"压住"，只有后放进筒中的数据都取出后，先放进去的数据才能被取出，这称为"后进先出"。堆栈的长度可以随意增加。堆栈结构可以用链表实现。设计一个链表结构需包含两个成员：一个存放数据，一个为指向下一个结点的指针。当每次有一个新数据要放入堆栈时，称为"压栈"，这时动态建立一个链表的结点，并连接到链表的结尾；当每次从堆栈中取出一个数据时，称为"弹出堆栈"，这意味着从链表的最后一个结点中取出该结点的数据成员，同时删除该结点，释放该结点所占的内存。堆栈不允许在链表中间添加、删除结点，只能在链表的结尾添加和删除结点。试用链表方法实现堆栈结构。

3．编写程序完成 10 门课程信息的管理。每门课程包括课程号、课程名、授课老师、学分、上课时间、上课教室，编写函数完成课程信息的添加、查询、输出。

4．25 个人围成一个圈，从第 1 个人开始顺序报号，凡报号为 3 和 3 的倍数者退出圈子，找出最后留在圈子中的人原来的序号。

实　验　结　构　体

【实验目的】

（1）掌握结构体类型变量的定义和使用。

（2）掌握结构体类型数组的概念和应用。

（3）掌握链表的概念，初步掌握链表的基本操作。

【实验内容】

1．设计一个程序，用结构体实现复数的运算。

（1）思路解析。定义复数结构体，包含复数的实部 real，虚部 img，输入两个复数，进行加、减、乘运算，最后输出结果。（复数乘法：(a+bi)(c+di)=(ac−bd)+(bc+ad)i）

（2）流程图如图 9-16 所示。

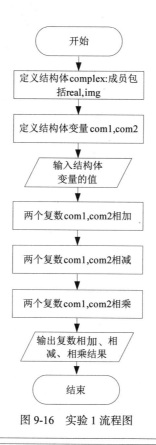

图 9-16　实验 1 流程图

2. 编写程序完成 10 门课程信息的管理。每门课程包括课程号、课程名、授课老师、学分、上课时间、上课教室，编写函数完成课程信息的输入、查询、输出。

（1）思路解析。先定义一个 course 结构体类型，再定义结构体数组，从键盘中通过循环输入课程信息到结构体数组中，定义操作选择变量 ch，ch=1，按课程号查询课程名，ch=2 按课程名查询课程信息，并可以循环查询，直到 ch=0 为止，并输出课程信息。

（2）流程图如图 9-17、图 9-18 所示。

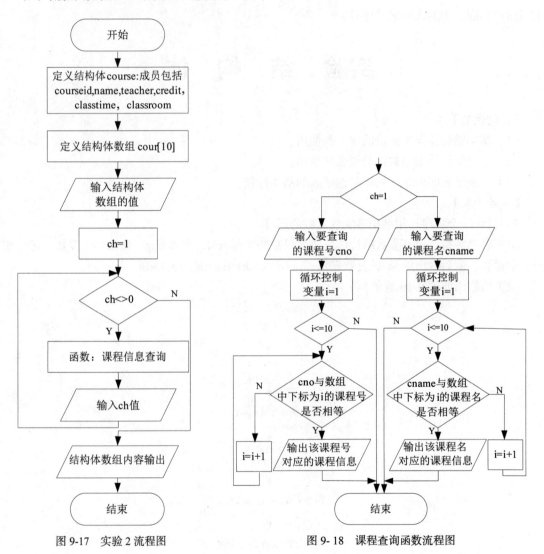

图 9-17 实验 2 流程图   图 9- 18 课程查询函数流程图

第10章
文件

10.1 文 件 概 述

前面章节中的例子，用户在运行程序时所需要的数据是通过键盘输入的，程序的结果只显示在屏幕上。当一个程序运行完成或终止运行时，所有的数据都会消失。如果用户要用相同的数据执行程序，就必须重新输入一遍。

事实上，如果计算机只能处理存储在内存中的数据，则应用程序的适用范围和多样性就会受到相当大的限制。在实际应用中，所有重要的商业应用程序所需的数据量远远大于内存所能提供的数据量，因此常常需要具备处理外部设备存储数据的能力，这就引入了"文件"这个概念。

10.1.1 文件的概念

"文件"是指存储在外部介质上的一组相关数据的有序集合。操作系统是以文件为单位对数据进行管理的，它们通常驻留在外部介质（如磁盘）上，在使用时才调入内存。例如，如果想找存放在外部介质上的数据，必须先按文件名找到所指定的文件，然后再从该文件中读取数据。要向外部介质上存储数据也必须先建立一个文件（以文件名作为标志），才能向它输出数据。

磁盘文件

一个文件要有一个唯一的文件标识，以便用户识别和引用。完整的文件标识包括 3 部分：文件路径，文件名，文件后缀。

文件路径表示文件在外部存储设备中的位置。如 D:\k\10\file1.dat，表示 file1.dat 文件存放在 D 盘中的 k 文件夹中的 10 文件夹中。文件名的命名规则遵循标识符的命名规则，即文件名只能由字母、数字和下划线 3 种字符组成，而且第一个字符必须为字母或下划线。文件后缀用来表示文件的性质，一般不超过 3 个字母，如：c（C 语言源程序文件），cpp（C++源程序文件），obj（目标文件），exe（可执行文件），dat（数据文件）等。

10.1.2 文件的分类

1. 从用户使用角度来分

从用户使用的角度来看，可分为两类：

　　为了简化用户对输入输出设备的操作，使用户不必去区分各种输入输出设备之间的区别，操作系统把和主机相连的各种设备都统一作为文件来处理。文件可分为普通文件和设备文件两种。

　　（1）普通文件是指驻留在磁盘或其他外部介质上的一个有序数据集，可以是源文件、目标文件、可执行文件，也可以是一组待处理的原始数据，或是一组待输出的结果。

　　（2）设备文件是指与主机相连的各种外部设备，如显示器、打印机、键盘等。操作系统把它们看作文件进行管理，把它们的输入输出等同于对磁盘文件的读写。通常把显示器定义为标准输出文件，一般情况下在屏幕上显示相关信息就是向标准输出文件输出。

2. 从信息分类角度来分

　　从信息分类的角度来看，在程序设计中主要用到两种文件：

　　（1）程序文件。包括源程序文件（后缀为.c）、目标文件（后缀为.obj）、可执行文件（后缀为.exe）等。这种文件的内容是程序代码。

　　（2）数据文件。文件的内容不是程序，而是供程序运行时读写的数据，如在程序运行过程中输出到磁盘（或其他外部设备）的数据，或在程序运行过程中供读入的数据。如一批学生的成绩数据、货物交易的数据等。

3. 数据文件

　　本章主要讨论的是数据文件，根据数据的组织形式，数据文件可分为两类。

　　（1）二进制文件。数据在内存中是以二进制形式存储的，如果不加转换地输出到外存，就是二进制文件。

　　（2）ASCII 文件。如果要求在外存上以 ASCII 代码形式存储，则需要在存储前进行转换。ASCII 文件又称文本文件，每字节放一个字符的 ASCII 代码。

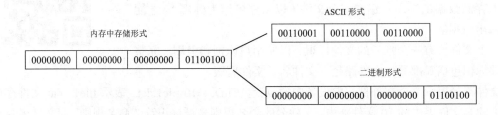

同样的数据以不同形式存储
在磁盘时的差异

　　在磁盘中字符一律以 ASCII 形式存储，数值型数据既可以用 ASCII 形式存储，也可以用二进制形式存储。如有整数 100，如果用 ASCII 码形式输出到磁盘，则在磁盘中占 3 字节（每个字符占 1 字节）；而用二进制形式输出，则在磁盘上只占 4 字节（整数类型是 4 字节），如图 10-1 所示。

图 10-1　数值型数据在磁盘中以不同数据组织形式存储时的差异

　　用 ASCII 码形式输出时字节与字符一一对应，1 字节代表 1 个字符，因而便于对字符进行逐个处理，也便于输出字符，但占存储空间较多，而且要花费转换时间（二进制形式与 ASCII 码间的转换）。用二进制形式输出数值，可以节省外存空间和转换时间，把内存中的存储单元中的内容原封不动地输出到磁盘（或其他外部介质）上。如果程序运行过程中有的中间数据需要保存在外部介质上，以便在需要时再输入到内存，一般用二进制文件比较方便。在事务管理中，常有大批数据存放在磁盘上，随时调入计算机进行查询或处理，然后又把修改过的信息再存回磁盘，这时也常用二进制文件。

10.1.3　文件访问

C 语言处理数据文件时，系统自动地在内存区为程序中每一个正在使用的文件开辟一个文件缓冲区。从内存向磁盘输出数据必须先送到内存中的缓冲区，装满缓冲区后才一起送到磁盘去。如果从磁盘向计算机读入数据，则一次从磁盘文件将一批数据输入到内存缓冲区（充满缓冲区），然后再从缓冲区逐个地将数据送到程序数据区（赋给程序中的变量）。

除了建立文件缓冲区，在 C 语言中处理文件时，程序通过文件指针来引用文件。每个被使用的文件都在内存中开辟一个相应的文件信息区，用来存放文件的有关信息。这些信息是保存在一个结构体变量中的。该结构体类型是由系统声明的，取名为 FILE。声明 FILE 结构体类型的信息包含在头文件 "stdio.h" 中。在程序中可以直接用 FILE 类型名定义变量。每一个 FILE 类型变量对应一个文件的信息区，在其中存放该文件的有关信息。FILE 结构体类型的定义如下：

```
typedef struct
{
  short level;                  //缓冲区"满"或"空"的状态
  unsigned flags;               //文件状态标志
  char fd;                      //文件描述符
  unsigned char hold;           //如缓冲区无内容不读取字符
  short bsize;                  //缓冲区的大小
  unsigned char * buffer;       //数据缓冲区的位置
  unsigned char * curp;         //指针当前的指向
  unsigned istemp;              //临时文件指示器
  short token;                  //用于有效性检查
}FILE
```

一般不对 FILE 类型变量命名，也就是不通过变量的名字来引用这些变量，而是设置一个指向 FILE 类型变量的指针变量，然后通过它来引用这些 FILE 类型变量。可以定义一个指向文件型数据的指针变量如下：

```
FILE * fp;
```

定义 fp 是一个指向 FILE 类型数据的指针变量。可以使 fp 指向某一个文件的文件信息区，通过该文件信息区中的信息就能够访问该文件。

如果要同时使用几个文件，就需要对每个文件使用不同的文件指针，但使用完一个文件后，可以将文件指针指向另一个文件。因此，如果要处理多个文件，但一次只处理一个，一个文件指针就够了。

10.2　打开与关闭文件

对文件处理之前应该"打开"该文件，处理之后还要相应地"关闭"该文件。实际上，所谓"打开"是指为文件建立相应的信息区和文件缓冲区，并指定一个指针变量指向该文件，也就是建立起指针变量与文件之间的联系，这样就可以通过该指针变量对文件进行读写了。所谓"关闭"是指撤销文件信息区和文件缓冲区，使文件指针变量不再指向该文件。

10.2.1 打开数据文件

C 语言中规定了用标准输入输出函数 fopen 来打开文件。

fopen 函数的调用方式如下：

```
fopen(文件名，打开文件的方式);
```

fopen 函数的返回值是指向文件的指针，通常将 fopen 函数的返回值赋给一个指向文件的指针变量，例如：

```
FILE * fp;                          //定义一个指向文件的指针变量 fp
fp=fopen("a1","r") ;                //将 fopen 函数的返回值赋给指针变量 fp
```

表示要打开名字为 "a1" 的文件，使用文件方式为 "读出"，并且指针变量 fp 指向了 a1 文件。

打开文件的方式如表 10-1 所示。

表 10-1   打开文件的方式

文件使用方式	含　　义
"r"（只读）	为了输入数据，打开一个已存在的文本文件
"w"（只写）	为了输出数据，打开一个文本文件
"a"（追加）	向文本文件尾添加数据
"rb"（只读）	为了输入数据，打开一个二进制文件
"wb"（只写）	为了输出数据，打开一个二进制文件
"ab"（追加）	向二进制文件尾添加数据
"r+"（读写）	为了读和写，打开一个文本文件
"w+"（读写）	为了读和写，建立一个新的文本文件
"a+"（读写）	为了读和写，打开一个文本文件
"rb+"（读写）	为了读和写，打开一个二进制文件
"wb+"（读写）	为了读和写，建立一个新的二进制文件
"ab+"（读写）	为了读和写，打开一个二进制文件

说明如下：

（1）用 "r" 方式打开文件只能用于从文件向计算机输入数据，而不能从计算机向该文件输出数据，并且该文件应该已经存在。不能用 "r" 方式打开一个并不存在的文件，否则出错。

（2）用 "w" 方式打开文件只能用于从计算机向该文件写数据，而不能用来从文件向计算机输入。如果原来不存在该文件，则在打开文件前在指定的路径或当前目录下新建立一个以该名字命名的文件。如果原来已存在一个以该文件名命名的文件，则在打开文件前先将该文件删去，然后重新建立一个新文件。

（3）如果希望保存原有数据，并向文件末尾添加新的数据，则应该用 "a" 方式打开。但此时应保证该文件已存在，否则将得到出错信息。

（4）用 "r+"、"w+"、"a+" 方式打开的文件既可用来输入数据，也可用来输出数据。用 "r+" 方式时该文件应该已经存在。用 "w+" 方式则新建立一个文件，先向此文件写数据，然后可以读此文件中的数据。用 "a+" 方式打开的文件，原来的内容不被删去，既可以添加，也可以读。

（5）如果不能实现 "打开" 的任务，fopen 函数将会带回一个出错信息。出错的原因可能是：用 "r" 方式打开一个并不存在的文件；磁盘出故障；磁盘已满无法建立新文件等。此时 fopen 函数将带回一个空指针值 NULL。因此应该以较为安全的方式打开文件，即先检查打开文件的操作有否出错，如果有错就在屏幕上输出 "cannot open this file"，并由 exit 函数关闭所有文件，终止正在执行的程序，待用户检查出错误，修改后重新运行。程序如下：

```
if((fp= fopen("filel"," r"))==NULL)
{
    printf("cannot open this file\n");
    exit(0);
}
```

10.2.2 关闭数据文件

在使用完一个文件后应该关闭它，以防止它再被误用。"关闭"就是撤销文件信息区和文件缓冲区，使文件指针变量不再指向该文件，此后不能再通过该指针对原来与其相联系的文件进行读写操作。如果再次打开该文件，就必须使指针变量重新指向它。

关闭文件用 fclose 函数。fclose 函数调用的一般形式如下：

```
fclose(文件指针);
```

fclose 函数也带回一个值，当成功地执行了关闭操作，则返回值为 0；否则返回 EOF(-1)。

举例如下：

```
fclose (fp);
```

如果不关闭文件将会丢失数据。因为在向文件写数据时，是先将数据输出到缓冲区，待缓冲区充满后才正式输出给文件。如果当数据未充满缓冲区而程序结束运行，就有可能使缓冲区中的数据丢失。使用 fclose 函数关闭文件，会先把缓冲区中的数据输出到磁盘文件，然后才撤销文件信息区。

10.3 顺序读写数据文件

对数据文件进行"顺序读写"时的顺序完全和数据在文件中的存储的物理顺序是一致的。在顺序写时，先写入的数据存放在文件中前面的位置，后写入的数据存放在文件中后面的位置。在顺序读时，先读文件中前面的数据，后读文件中后面的数据。

10.3.1 向文件读写字符

向文件读写字符所使用的函数如表 10-2 所示。

表 10-2　　　　　　　　　　向文件读写字符的函数

函数名	调用形式	功　　能	返　回　值
fgetc	fgetc(fp)	从 fp 指向的文件读入一个字符	读成功，带回所读的字符，失败则返回文件结束标志 EOF(即-1)
fputc	fputc(ch,fp)	把字符 ch 写到 fp 所指向的文件中	输出成功，返回值就是输出的字符；输出失败，则返回 EOF(即-1)

【例 10.1】从键盘输入若干字符，把它们存储到磁盘上，然后从磁盘上读出这些字符并显示在屏幕上。

思路分析：

先以"写"方式在 E 盘的"源程序"文件夹下建立一个名为"file1.dat"的数据文件。然后来逐个从键盘上输入字符并写入"file1.dat"文件，直到输入"回车"键为止。最后再以"读"的方式打开该文件，读出每个字符并显示在屏幕上。

程序代码：

```c
#include<stdio.h>
#include<stdlib.h>
int main()
{
    FILE *fp;
    char ch;
    if((fp=fopen("E:\\源程序\\file1.dat","w"))==NULL)
    {
        printf("无法打开此文件\n");
        exit(0);
    }
    printf("请输入存储到磁盘的内容：\n");
    while((ch=getchar())!='\n')
        fputc(ch,fp);
    fclose(fp);
    printf("显示文件内容：\n");
    if((fp=fopen("E:\\源程序\\file1.dat","r"))==NULL)
    {
        printf("无法打开此文件\n");
        exit(0);
    }
    while((ch=fgetc(fp))!=EOF)
        putchar(ch);
    fclose(fp);
    putchar('\n');
    return 0;
}
```

运行结果：

```
请输入存储到磁盘的内容：
he nan gong ye da xue xin xi ke xue yu gong cheng xue yuan ji suan zhong xin.
显示文件内容：
he nan gong ye da xue xin xi ke xue yu gong cheng xue yuan ji suan zhong xin.
Press any key to continue
```

说明：

（1）程序第 7 行用 fopen 函数打开文件时，指定了文件路径，如果在 E 盘的"源程序"文件夹下建立一个名为"file1.dat"的数据文件，用来存放输入的字符，应写成"E:\\源程序\\file1.dat"。因为在 C 语言中把 '\' 作为转义字符的标志，所以在字符串或字符中要表示 '\' 时，应当在 '\' 之前再加一个 '\'。不能写成"E:\源程序\file1.dat"。

如果用 fopen 函数打开文件时没有指定路径，系统默认其路径为当前用户所使用的子目录（即源文件所在的目录），在此目录下建立一个新文件。

（2）用 fopen 函数打开一个"只写"的文件（"w"表示只能写入而不能从中读数据），如果打开文件成功，函数的返回值是该文件所建立的信息区的起始地址，把它赋给指针变量 fp。如果不能成功地打开文件，则在显示器的屏幕上显示"无法打开此文件"，然后用 exit 函数终止程序运行。

（3）exit 是标准 C 的库函数，作用是使程序终止，用此函数时在程序的开头应包含〈stdlib.h〉头文件。Exit(0)表示正常终止，Exit(1)表示异常终止。

（4）在读写磁盘文件时，是逐个字符（字节）进行的，为了知道当前访问到第几字节，系统用"文件读写位置标记"来表示当前所访问的位置。开始时"文件读写位置标记"指向第 1 字节，每访问完一字节后，当前读写位置就指向下一字节，即当前读写位置自动后移。

（5）为了检查磁盘文件"file1.dat"中是否确实存储了这些内容，也可以在 Windows 的资源管理器中，按记事本的打开方式打开文件，同样能显示文件内容。

（6）C 语言已把 fputc 和 fgetc 函数定义为宏名 putc 和 getc。

```
# define  putc(ch,fp)  fputc(ch,fp)
# define  getc(fp)  fgetc(fp)
```

这是在〈stdio.h〉中定义的，因此在程序中用 putc 和 fputc 作用是一样的，用 getc 和 fgetc 作用是一样的。

10.3.2　向文件读写字符串

如果字符个数多，一个一个读和写就太麻烦了。C 语言通过函数 fgets 和 fputs 一次读写一个字符串。函数如表 10-3 所示。

表 10-3　　　　　　　　　　　　　向文件读写字符串的函数

函数名	调 用 形 式	功　　　　能	返　回　值
fgets	fgets(str,n,fp)	从 fp 指向的文件读入一个长度为(n-1)的字符串，存放到字符数组 str 中	读成功，返回地址 str，失败则返回 NULL
fputs	fputs(str,fp)	把 str 所指向的字符串写到文件指针变量 fp 所指向的文件中	输出成功，返回 0，否则返回非 0 值

说明如下：

（1）fgets 函数的函数原型如下：

```
Char* fgets (char* str, int n, FILE* fp);
```

其作用是从文件读入一个字符串。调用时可以写成

```
fgets(str,n,fp);
```

其中，n 是要求得到的字符个数，但实际上只从 fp 所指向的文件中读入 n-1 个字符，然后在最后加一个 '\0' 字符，这样得到的字符串共有 n 个字符，把它们放到字符数组 str 中。如果在读完 n-1 个字符之前遇到换行符 '\n' 或文件结束符 EOF，读入即结束，但将所遇到的换行符 '\n' 也作为一个字符读入。若执行 fgets 函数成功，则返回值为 str 数组首元素的地址，如果一开始就遇到文件尾或读数据出错，则返回 NULL。

（2）fputs 函数的函数原型如下：

```
int fputs (char* str,  FILE* fp);
```

其作用是将 str 所指向的字符串输出到 fp 所指向的文件中。调用时也可以写成

```
fputs("China", fp);
```

把字符串 "China" 输出到 fp 指向的文件中。fputs 函数中第一个参数可以是字符串常量、字符数组名或字符型指针。字符串末尾的 '\0' 不输出。若输出成功，函数值为 0，失败时，函数值为 EOF。

【例 10.2】从键盘输入 4 个字符串，把它们送到磁盘文件中保存，然后再打开文件读入刚才

保存的内容并在屏幕上显示。

思路分析：

先建立 1 个二维字符数组，从键盘上输入 4 个字符串存储在数组中，然后以"写"的方式在 E 盘"源程序"文件夹下创建"file2.dat"文件，把字符串依次写在文件中，最后再以"读"的方式打开"file2.dat"文件，把其中的内容显示在屏幕上。

程序代码：

```c
#include<stdio.h>
#include<stdlib.h>
int main()
{
    FILE *fp;
    char str[4][20],temp[20];
    int i;
    printf("输入字符串:\n");
    for(i=0;i<4;i++)
        gets(str[i]);
    if((fp=fopen("E:\\源程序\\file2.dat","w"))==NULL)
    {
        printf("无法打开此文件\n");
        exit(0);
    }
    for(i=0;i<4;i++)
    {
        fputs(str[i],fp);
        fputs("\n",fp);
    }
    fclose(fp);
    printf("显示文件内容:\n");
    if((fp=fopen("E:\\源程序\\file2.dat","r"))==NULL)
    {
        printf("无法打开此文件\n");
        exit(0);
    }
    while(fgets(temp,20,fp)!=NULL)
        printf("%s",temp);
    fclose(fp);
    return 0;
}
```

运行结果：

说明：

（1）在向磁盘文件写数据时，只输出字符串中的有效字符，并不包括字符串结束标志'\0'，这样连续两次输出的字符串之间无分隔，当从磁盘文件读回数据时就无法区分各个字符串了。为了避免出现此情况，在输出一个字符串后，人为地输出一个'\n'，作为字符串之间的分隔。

（2）用 fgets 函数读字符串时，指定一次读 10 个字符，但如果遇到'\n'就结束字符串输入，所以'\n'作为最后一个字符也读入到字符数组。由于读入到字符数组中的每个字符串后都有一个'\n'，因此在向屏幕输出时不必再加'\n'。

10.3.3　格式化的方式读写文件

前面进行的是字符的输入输出，而实际上数据的类型是非常丰富的，C 语言可以用各种不同的格式对文件进行格式化输入输出，函数如表 10-4 所示。

表 10-4　　　　　　　　　　　　　向文件格式化读写的函数

函数名	函数调用	功　能	返　回　值
fprintf	fprintf(文件指针,格式字符串,输出表列)	向文件指针指向的文件中按格式字符串的要求写入数据	正常时返回写入值的个数，否则返回 EOF
fscanf	fscanf(文件指针,格式字符串,输出表列)	从文件指针指向的文件中按格式字符串的要求读取数据	正常时返回读取值的个数，否则返回 EOF

fprintf 函数和 fscanf 函数与 printf 函数和 scanf 函数类似，都是格式化读写函数。不同点是 fprintf 和 fscanf 函数的读写对象不是终端而是文件。

【例 10.3】向磁盘文件中写入一行数字，以两种不同的格式读出这些数字。

思路分析：

先以整数的形式向文件"file3.dat"写入 3 个 5 位数，这样文件中存储了一串数字"123454567889123"，一共 15 位。文件的内容是固定的，但不同的解读方式会在屏幕上显示出不同的效果。第一种方式还是以读取 3 个整数，每个整数 5 位形式，因此和写入时的状态一样。第二种方式是读取 6 个数，其中前 5 个是整数，分别是 2 位，3 位，3 位，3 位，2 位的形式，最后一个是 2 位的浮点数形式。

程序代码：

```
#include<stdio.h>
#include<stdlib.h>
int main()
{
    FILE *fp;
    int num1=12345,num2=45678,num3=89123,num4,num5,num6;
    int str[5]={0};
    float num7;
    printf("向文件中写入内容: \n");
    if((fp=fopen("E:\\源程序\\file3.dat","w"))==NULL)
    {
        printf("无法打开此文件\n");
        exit(0);
    }
    fprintf(fp,"%5d%5d%5d",num1,num2,num3);
    fclose(fp);
    printf("以第 1 种方式解读文件: \n");
    if((fp=fopen("E:\\源程序\\file3.dat","r"))==NULL)
    {
        printf("无法打开此文件\n");
```

```
        exit(0);
    }
    fscanf(fp,"%5d%5d%5d",&num4,&num5,&num6);
    printf("%10d%10d%10d\n",num4,num5,num6);
    fclose(fp);
    printf("以第 2 种方式解读文件: \n");
    if((fp=fopen("E:\\源程序\\file3.dat","r"))==NULL)
    {
        printf("无法打开此文件\n");
        exit(0);
    }
    fscanf(fp,"%2d%3d%3d%3d%2d%2f",&str[0],&str[1],&str[2],&str[3],&str[4],&num7);
    printf("%5d%5d%5d%5d%5d%12f\n",str[0],str[1],str[2],str[3],str[4],num7);
    fclose(fp);
    return 0;
}
```

运行结果：

```
向文件中写入内容:
以第1种方式解读文件:
    12345    45678    89123
以第2种方式解读文件:
    12  345  456  788   91   23.000000
Press any key to continue
```

说明：

（1）从文本文件中读回的值，取决于所使用的格式字符串和在 fscanf 函数中指定的输入表列。这说明把数据放在文件中，它就是一串字节，这些字节的意义取决于我们如何解释它们。

（2）用 fprint 和 fcanf 函数对磁盘文件读写时，使用方便，但由于在输入时要将文件中的 ASCII 码转换为二进制形式再保存在内存变量中，在输出时又要将内存中的二进制形式转换成字符，要花费较多时间，因此在内存与磁盘频繁交换数据的情况下，最好不用 fprintf 和 fscanf 函数。

10.3.4　二进制的方式读写文件

以二进制的方式在内存和文件之间读写数据，不需要任何形式的转换，也没有精度的损失，在很多场合下都是非常高效的。使用的函数如表 10-5 所示。

表 10-5　　　　　　　　　　　向文件以二进制形式读写的函数

函数名	调用形式	功　能	返　回　值
fread	fread(buffer,size,count,fp)	从 fp 指向的文件中读取 count 个长度为 size 的数据项到 buffer 开始的内存中	正常则返回实际读取的数据项值，否则返回 0
fwrite	fwrite(buffer,size,count,fp)	把从 buffer 开始的 count 个长度为 size 的数据项写入到 fp 指向的文件中	正常则返回实际写入的数据项值，否则返回 0

说明：

（1）fread 函数从文件中读一个数据块，用 fwrite 函数向文件写一个数据块。在读写时是以二进制形式进行的。在向磁盘写数据时，直接将内存中一组数据原封不动、不加转换地复制到磁盘文件上，在读入时也是将磁盘文件中若干字节的内容一批读入内存。

（2）buffer 是一个地址。对 fread 来说，它是用来存放从文件读入的数据的存储区的地址。对 fwrite 来说，是要把此地址开始的存储区中的数据向文件输出。Size 是要读写的字节数。Count

是要读写多少个数据项（每个数据项长度为 size）。

【例 10.4】从键盘上输入若干个学生的信息，先写在磁盘文件中，然后再打开文件读出这些信息并显示在屏幕上。

思路分析：

建立 Student_type 类型的结构体数组存储学生的个人信息，从键盘上输入 6 个学生的信息，然后建立名为 "file4.dat" 的磁盘文件，采用二进制的方式把学生信息写在文件里，每次写 1 个学生的信息，数据项的长度为 sizeof(struct Student_type)，最后再打开文件，读出里面的信息显示在屏幕上。

程序代码：

```
#include<stdio.h>
#include<stdlib.h>
#define SIZE 6
struct Student_type
{
    char name[10];
    int num;
    int age;
    char addr[15];
}stud[SIZE];

void save()
{
    FILE *fp;
    int i;
    if((fp=fopen("E:\\源程序\\file4.dat","wb"))==NULL)
    {
        printf("cannot open file\n");
        exit(0);
    }
    for(i=0;i<SIZE;i++)
    if(fwrite(&stud[i],sizeof(struct Student_type),1,fp)!=1)
        printf("file write error\n");
    fclose(fp);
}

void list()
{
    FILE *fp;
    Student_type temp;
    if((fp=fopen("E:\\源程序\\file4.dat","rb"))==NULL)
    {
        printf("cannot open file\n");
        exit(0);
    }
    printf("文件中的信息是:\n");
    while(fread(&temp,sizeof(struct Student_type),1,fp)==1)
    printf("%-15s%10d%10d%15s\n",temp.name,temp.num,temp.age,temp.addr);
    fclose(fp);
}

int main()
```

```
{
    int i;
    printf("请输入学生信息:\n");
    for(i=0;i<SIZE;i++)
        scanf("%s%d%d%s",stud[i].name,&stud[i].num,&stud[i].age,&stud[i].addr);
    save();
    list();
    return 0;
}
```
运行结果:

```
请输入学生信息:
liming 1 22 zhengzhou
zhaoliang 2 21 xinyang
lina 3 22 beijing
liuxiang 4 21 shanghai
wangpeng 5 20 kaifeng
sunjie 6 21 zhengzhou
文件中的信息是:
liming              1        22       zhengzhou
zhaoliang           2        21       xinyang
lina                3        22       beijing
liuxiang            4        21       shanghai
wangpeng            5        20       kaifeng
sunjie              6        21       zhengzhou
Press any key to continue
```

说明:

计算机从 ASCII 文件读入字符时,遇到回车换行符,系统把它转换为一个换行符放在内存中,在输出时把换行符转换成为回车和换行两个字符。在用二进制方式读写时,不进行这种转换,在内存中的数据形式与输出到外部文件中的数据形式完全一致,一一对应。fread 和 fwrite 函数用于二进制文件的输入输出。因为它们是按数据块的长度来处理输入输出的,所以不出现字符转换。

10.4   随机读写数据文件

对文件进行顺序读写比较容易理解,但有时效率不高。在许多应用程序中,需要能随机访问文件中的数据,而不是按顺序访问它们。如果某些信息存储在文件的中央,而文件包含几百万项,那么从文件的开头读起就要花很大的代价。随机访问不是按数据在文件中的物理位置次序进行读写,而是可以对任何位置上的数据进行访问,显然这种方法比顺序访问效率高得多。

10.4.1   文件位置标记及其定位

为了对读写进行控制,系统为每个文件设置了一个文件读写位置标记,用来指示要读写的下一个字符的位置。

顺序读写和随机读写之间的
差异

一般情况下,在对数据文件进行顺序读写时,文件位置标记指向文件开头,每读写完一个数据后,文件位置标记顺序向后移一个位置,然后在下一次执行读写操作时把数据写入指针所指的位置。直到把全部数据读写完,此时文件位置标记在最后一个数据之后,即文件尾。

可以根据读写的需要,人为移动文件位置标记的位置。文件位置标记可以向前移或向后移,移到文件头或文件尾,然后对该位置进行读写，显然这就不是顺序读写了，而是随机读写。所谓随机读写，是指读写完上一个字符（字节）后，并不一定要读写其后续的字符（字节），而可以读写文件中任意位置上所需要的字符（字节）。即对文件读写数据的顺序和数据在文件中的物理顺序一般是不一致的。可以在任何位置写入数据，在任何位置读取数据。

在对数据文件的读写过程中，如果文件位置标记是按字节位置顺序移动的，就是顺序读写。如果能将文件位置标记按需要移动到任意位置，就可以实现随机读写。

10.4.2 随机读写函数

常用的随机读写函数如下：

（1）用 ftell 函数测定文件位置标记的当前位置。

由于文件中的文件位置标记经常移动，人们往往不容易知道其当前位置，所以常用 ftell 函数得到当前位置，用相对于文件开头的位移量来表示。如果调用函数时出错（如不存在 fp 指向的文件），ftell 函数返回值为-1L。

```
i=ftell( fp);
if(i= = -1L) printf("error\n");
```

（2）用 rewind 函数使文件位置标记指向文件开头。

rewind 函数的作用是使文件位置标记重新返回文件的开头，此函数没有返回值。

【例 10.5】向磁盘文件中写入一行数字，以两种不同的格式读出这些数字。

思路分析：

这是例 10.3 的改进，向磁盘文件写入数据部分完全一样。以第一种方式解读文件内容之后，文件位置标记已经移动到文件末尾，如果想再以第二种方式读取文件内容，必须把文件位置标记重置到文件开头。在例 10.3 中，只能重新打开文件，这样文件位置标记自然会在文件开头，但这样比较麻烦。在本例中，程序中的第 26 行使用 rewind 函数，避免再次打开文件，提高了运行效率。

程序代码：

```
#include<stdio.h>
#include<stdlib.h>
int main()
{
    FILE *fp;
    int num1=12345,num2=45678,num3=89123,num4,num5,num6;
    int str[5]={0};
    float num7;
    printf("向文件中写入内容: \n");
    if((fp=fopen("E:\\源程序\\file3.dat","w"))==NULL)
    {
        printf("无法打开此文件\n");
        exit(0);
    }
    fprintf(fp,"%5d%5d%5d",num1,num2,num3);
    fclose(fp);
    printf("以第 1 种方式解读文件: \n");
    if((fp=fopen("E:\\源程序\\file3.dat","r"))==NULL)
    {
        printf("无法打开此文件\n");
```

```
            exit(0);
        }
        fscanf(fp,"%5d%5d%5d",&num4,&num5,&num6);
        printf("%10d%10d%10d\n",num4,num5,num6);
        printf("以第2种方式解读文件：\n");
        rewind(fp);
        fscanf(fp,"%2d%3d%3d%3d%2d%2f",&str[0],&str[1],&str[2],&str[3],&str[4],&num7);
        printf("%5d%5d%5d%5d%5d%12f\n",str[0],str[1],str[2],str[3],str[4],num7);
        fclose(fp);
        return 0;
}
```

运行结果：

```
向文件中写入内容：
以第1种方式解读文件：
    12345    45678    89123
以第2种方式解读文件：
  12  345  456  788   91   23.000000
Press any key to continue
```

（3）用 fseek 函数改变文件位置标记。

fseek 函数的调用形式：

```
fseek(文件类型指针，位移量，起始点)
```

"起始点"用 0、1 或 2 代替，0 代表"文件开始位置"，1 为"当前位置"，2 为"文件末尾位置"。"位移量"指以"起始点"为基准向后移动的字节数，位移量应是 long 型数据。

fseek 函数一般用于二进制文件。下面是 fseek 函数调用的几个例子：

```
fseek(fp,100L,0);          将文件位置标记向后移到离文件开头 100 字节处
fseek(fp,50L,1);           将文件位置标记向后移到离当前位置 50 字节处
fseek(fp,-10L,2);          将文件位置标记从文件末尾处向前移动 10 字节
```

【例 10.6】在例 10.4 建立文件的基础上，输入新的学生信息，把更新后的信息写在文件上，并在屏幕上显示出来。

思路分析：

磁盘文件已经在例 10.4 中建立，本程序先从键盘上输入学生 lina 需要更新的信息，打开文件后，用 lina 依次和文件中储存的学生姓名做比较，姓名吻合后就更新这个属于 lina 的数据项内容，最后把更新过的文件内容显示在屏幕上。

程序代码：

```
#include<stdio.h>
#include<stdlib.h>
#include<string.h>
#define SIZE 6
struct Student_type
{
    char name[10];
    int num;
    int age;
    char addr[15];
}student,temp;

int main()
{
    FILE *fp;
```

```
        int i;
        printf("请输入要更改的学生信息\n");
        scanf("%s%d%d%s",student.name,&student.num,&student.age,student.addr);
        if((fp=fopen("E:\\源程序\\file4.dat","rb+"))==NULL)
        {
            printf("cannot open file\n");
            exit(0);
        }
        for(i=0;i<SIZE;i++)
        {
            fseek(fp,i*sizeof(struct Student_type),0);
            fread(&temp,sizeof(struct Student_type),1,fp);
            if(strcmp(student.name,temp.name)==0)
             {
                 fseek(fp,-sizeof(struct Student_type),1);
                 fwrite(&student,sizeof(struct Student_type),1,fp);
                 break;
             }
        }
        rewind(fp);
        printf("文件更新后的信息是:\n");
        for(i=0;i<SIZE;i++)
        {
        fread(&temp,sizeof(struct Student_type),1,fp);
        printf("%-15s%10d%10d%15s\n",temp.name,temp.num,temp.age,temp.addr);
        }
        fclose(fp);
        return 0;
    }
```

运行结果:

```
请输入要更改的学生信息
lina 3 21 tianjing
文件更新后的信息是:
liming                1         22        zhengzhou
zhaoliang             2         21          xinyang
lina                  3         21         tianjing
liuxiang              4         21         shanghai
wangpeng              5         20          kaifeng
sunjie                6         21        zhengzhou
Press any key to continue
```

说明:

（1）打开文件后，先要"读"出里面的数据项，提取其中的"姓名"数据和待更新的学生姓名做比较，确定要更新的数据项之后，还要把新的内容替代旧内容"写"在文件中，所以打开文件的方式应为"rb+"。

（2）每次读取一个 sizeof(struct Student_type)大小的数据项，用其中的姓名部分和待更新的学生姓名做比较，一旦二者相同，说明这个数据项需要更新。但此时文件位置标记已经在下一个数据项的开头，所以需要把文件位置标记从当前位置向前调回一个数据项的长度，即fseek(fp,-sizeof(struct Student_type),1)。

（3）本例中，文件里符合条件的数据项进行更新，而不符合条件的数据项原封不动。更新部分的文件位置标记完全由程序确定，这就是随机读写的特点。

10.5　文件读写的出错检测

C 语言提供一些函数用来检查输入输出函数调用时可能出现的错误。

（1）ferror 函数。在调用各种输入输出函数（如 putc，getc，fread，fwrite 等）时，如果出现错误，除了函数返回值有所反映外，还可以用 ferror 函数检查。它的一般调用形式如下：

```
ferror( fp);
```

如果 ferror 返回值为 0，表示未出错，如果返回一个非零值，表示出错。

对同一个文件每一次调用输入输出函数，都会产生一个新的 ferror 函数值，因此应当在调用一个输入输出函数后立即检查 ferror 函数的值，否则信息会丢失。在执行 fopen 函数时，ferror 函数的初始值自动置为 0。

（2）clearerr 函数。clearerr 的作用是使文件错误标志和文件结束标志置为 0。假设在调用一个输入输出函数时出现错误，ferror 函数值为一个非 0 值，应该立即调用 clearerr(fp)，使 ferror(fp) 的值变成 0，以便进行下一次检测。

【例 10.7】在屏幕上分别以 16 进制和 ASCII 的形式显示例 10.1 中建立的文件"file1.dat"中的内容，在调用 fread 函数时进行错误检查。

思路分析：

定义屏幕每行显示"DISPLAY"列，文件中的每个字符是 1 字节，即 8 位二进制数，1 个 16 进制数相当于 4 位二进制数，因此 1 个字符对应 2 个 16 进制数。加上隔开 16 进制数的空格 ' '，以及 16 进制显示区和字符显示区之间的分隔符 '|'，每行能够显示文件中的字符个数为"DISPLAY/4-1"个。屏幕左侧显示字符对应的 16 进制数，右侧显示文件中的字符。

程序代码：

```c
#include<stdio.h>
#include<stdlib.h>
#include<ctype.h>
#define DISPLAY 80
int main()
{
    FILE *fp;
    char buffer[DISPLAY/4-1];
    int count,i;
    printf("文件内容分别以 16 进制和文本形式显示如下：\n");
    if((fp=fopen("E:\\源程序\\file1.dat","rb"))==NULL)
    {
        printf("无法打开此文件\n");
        exit(0);
    }
    while(!feof(fp))
    {
        count=fread(buffer,1,sizeof(buffer),fp);
        if(ferror(fp))
        {
            printf("读数据时发生错误\n");
            exit(1);
        }
```

```
        for(i=0;i<sizeof(buffer);i++)
        {
            if(i<count)
                printf("%2X ",buffer[i]);
            else
                printf("   ");
        }
        printf("| ");
        for(i=0;i<count;i++)
            printf("%c",isprint(buffer[i])?buffer[i]:'.');
        printf("\n");
    }
    fclose(fp);
    return 0;
}
```

运行结果：

说明：

（1）为了知道对文件的访问是否完成，只需看文件读写位置是否移到文件的末尾。用 feof 函数可以检查到文件读写位置标记是否移到文件的末尾，即磁盘文件是否结束。程序中的 feof(fp) 是检查 fp 所指向的文件是否结束。如果是，则函数值为 1，否则为 0。

（2）在调用 fread 函数时，使用 ferror 函数检查过程是否出现错误，如果出现错误，就输出错误提示信息，并以非正常的方式退出程序。

（3）文件中有些字符并不能在屏幕上显示，因此用 isprint 函数检验，能显示的正常显示，不能显示的用 "."代替。isprint 函数包含在头文件<ctype.h>中。

10.6 本 章 小 结

文件是程序设计中一个重要的概念。在程序运行时，常常需要将一些数据（运行的最终结果或中间数据）输出到磁盘存起来，以后需要时再从磁盘中输入到计算机内存，这就是磁盘文件。本章主要讨论的是数据文件，根据数据的组织形式，数据文件可分为二进制文件和文本文件。在 C 语言中，没有输入输出语句，对文件的读写都是用库函数来实现的。本章介绍了文件的打开和关闭，两种类型文件的顺序和随机读写，文件读写的出错检测。

习 题 十

一、选择题

1. 标准输入文件的文件指针被系统确定为（   ）。

A. stdin   B. stdout   C. stderr   D. stdio

2. 下列关于文件指针的描述中，错误的是（　　　）。

    A. 文件指针是由文件类型 FILE 定义的

    B. 文件指针是指向内存某个单元的地址值

    C. 文件指针是用来对文件操作的标识

    D. 文件指针在一个程序中只能有一个

3. 下列关于文件读写操作的描述中，错误的是（　　　）。

    A. 在程序中，最先打开的文件一定是为写打开的文件

    B. 文件被打开后，可以使用不同的读写函数进行操作

    C. 一个文件既可以读，也可以写，还可以读写

    D. C 语言程序中，可以对文本文件读写，也可以对二进制文件读写

4. 下列使读写指针不指向文件头的操作是（　　　）。

    A. rewind(fp)　　　　　　　　　　B. fseek(fp,0L,2)

    C. fopen("fl.c","r")　　　　　　　　D. fseek(fp,0L,0)

5. 使用 fopen()函数打开一个文件时，读写指针应指向（　　　）。

    A. 文件首　　　　　　　　　　　　B. 文件尾

    C. 可能文件头，也可能文件尾　　　D. 不确定

6. 下列语句的功能是（　　　）。

```
fwrite(ptr,8L,10,fp) ;
```

    A. 从 fp 指向的文件中，读取 8×10 字节的数据块，存放到 ptr 所指向的内存中

    B. 从 ptr 指向的内存区域中，读取 8×10 字节的数据块，写到 fp 指针所指向的文件中

    C. 从 fp 指针所指向的文件中，读取 8×10 字节的数据块，写到 ptr 所指向的内存中

    D. 从 ptr 所指向的内存单元中，读取 8×10 字节的数据块，显示在屏幕上

7. 下列正确定义一个文件指针 pm 的语句是（　　　）。

    A. FILEpm;　　　　　　　　　　　B. file*pm;

    C. FILE*pm;　　　　　　　　　　　D. filepm;

8. 下列语句的功能是（　　　）。

```
fseek(fp,100L,0);
```

    A. 将 fp 指针所指向文件的读写指针移至距文件开头 100 字节

    B. 将 fp 指针所指向文件的读写指针移至距文件尾 100 字节

    C. 将 fp 指针所指向文件的读写指针移至距当前读写指针的文件开头方向 100 字节

    D. 将 fp 指针所指向文件的读写指针移至距当前读写指针的文件尾方向 100 字节

9. 测试文件结束函数 feof()在文件结束时，它的返回值是（　　　）。

    A. 非 0　　　　　　　　　　　　　B. 0

    C. −1　　　　　　　　　　　　　　D. NULL

10. 下列打开文件的多种方式中，对二进制文件操作的是（　　　）。

    A. "r"　　　　　　　　　　　　　　B. "a"

    C. "w+"　　　　　　　　　　　　　D. "rb+"

二、判断题

1. C 语言的输入文件可看成输入流，输出文件可看成输出流。　　　　　　　　（　　　）

2. 输入操作称为写操作，将输入流中的信息存到内存时，使用写函数。　　　　（　　　）

3. C 语言的文件只能顺序操作，不可以随机操作。 　　　　　　　　　　（　　）

4. C 语言的文件也分设备文件和磁盘文件，所有设备文件都是标准文件，磁盘文件都是一般文件。 　　　　　　　　　　　　　　　　　　　　　　　　　　　　　（　　）

5. 文件指针是用来指向文件的，文件只有被打开后才有对应的文件指针。 （　　）

6. 不同目录下可以有相同的文件名，相同文件名的文件指针是相同的。 （　　）

7. C 语言中，标准文件的读写函数与一般文件的读写函数是不同的。 （　　）

8. 文件的读函数是从输入文件中读取信息，并存放在内存中。 （　　）

9. 文件指针和读写指针都是随着文件的读写操作在不断改变。 （　　）

10. 文件是否正常打开是可以判断的，读写文件是否到了文件尾也是可以判断的。（　　）

三、填空题

1. 一般文件操作中，读取一个字符串的函数是_____，写入一个数据块的函数是_____。

2. 随机文件操作中，将文件的读写指针移至文件开头的函数是_____和_____。

3. 用来判断文件结束的符号常量是_____，它多用于_____文件中。

4. 用来关闭文件的函数是_____，它一次仅可关闭_____个文件。

5. 以"r"方式打开文件时，读写指针指向_____，以"a"方式打开文件时，读写指针指向_____。

四、编程题

1. 编写一个程序，从键盘上输入 5 个字符串，每个字符串长度小于 10，并存放在文件 file1.dat 中。

2. 编写一个程序，将已知文件 file2.dat 的内容写到 file3.dat 文件的后边。

3. 编写一个程序，将 5 个学生的信息存放在 stu.dat 文件中，要求键盘输入学生信息。学生信息有姓名和学号两项。当从键盘上输入学号后便可找到对应学生的姓名。

4. 在第 3 题中，增加下述功能：将输入的学生信息从文件中读出，并排序后输出显示，排序是按学号进行的。

5. 建立一个电话簿文件，每个人的信息包括姓名和电话号码。要求如下。

（1）将 5 个人的信息存放到文件 tele.dat 中。

（2）按姓名查找某人电话号码。

实　验　文　件

【实验目的】

（1）掌握文件及文件指针的概念及使用。

（2）掌握文件的打开、关闭、读、写等操作。

【实验内容】

1. 编写一个程序，从键盘上输入 5 个字符串，每个字符串长度小于 10，并存放在文件 file1.dat 中。

（1）思路解析。以"写"的方式建立文件"file1.dat"，利用循环算法，依次从键盘上输入 5 个字符串，并把字符串写入到文件中。

（2）程序流程图如图 10-2 所示。

2. 编写一个程序，将已知文件 file2.dat 的内容写到 file3.dat 文件的后边。

（1）思路解析。以"读"的方式打开文件"file2.dat"，以"追加"的方式打开文件"file3.dat"，利用循环算法，把文件"file2.dat"中的内容写到文件"file3.dat"的后部。

（2）程序流程图如图 10-3 所示。

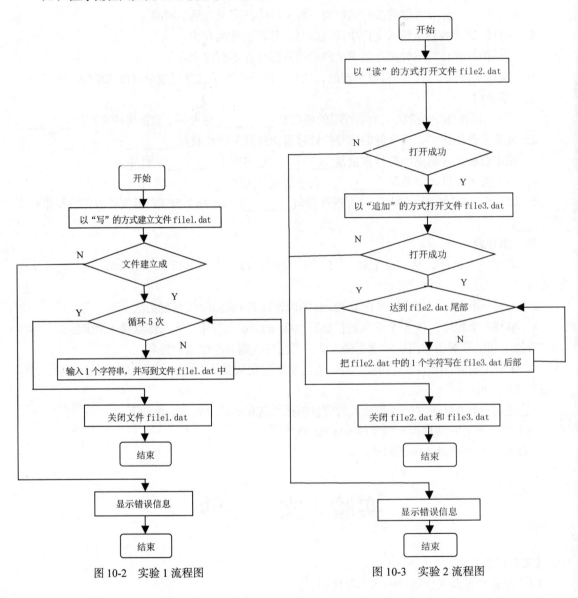

图 10-2　实验 1 流程图　　　　　　　　　图 10-3　实验 2 流程图